기하학캠프
Geometry

피타고라스 정리에서 프랙털까지, 도형에 관한 모든 것

# 기하학캠프
## Geometry

마이크 애스큐 지음 | 이영기 옮김

지은이  마이크 애스큐Mike Askew는 영국 킹스칼리지의 수학교육과 교수를 역임한 후 지금은 호주의 멜버른 모나쉬대학에서 초등교육과 교수로 재직 중이다. 청소년에게 수학을 흥미롭고 효율적으로 가르치는 방법에 관심이 많은 그는《초등 수학 교육》,《최신 수학 교육 연구》등을 썼다. 또한 부모들의 수학에 대한 관심을 높이기 위해《엄마, 아빠를 위한 수학》등 대중적인 저서도 여러 권 펴냈다.

옮긴이  이영기는 서울대학교 물리학과를 졸업하고 일간지 기자를 거쳤다. 지은 책으로《상식 밖의 과학사》가 있고, 옮긴 책으로《구글 이후의 세계》,《위험한 생각들》,《과학의 탄생》,《시리우스》,《기상천외 과학대전》등이 있다.

기하학 캠프: 피타고라스 정리에서 프랙털까지, 도형에 관한 모든 것

2012년 12월 10일 1판 1쇄 펴냄
2020년 10월 25일 1판 4쇄 펴냄

지은이  마이크 애스큐
옮긴이  이영기
펴낸이  이리라
편집  이여진 한나래
편집 + 디자인  에디토리얼 렌즈

펴낸곳  컬처룩
등록번호 제2011–000149호
주소 03993 서울시 마포구 동교로 27길 12 씨티빌딩 302호
전화 02.322.7019 | 팩스 070.8257.7019 | culturelook@daum.net
www.culturelook.net

ISBN 978–89–85521–61–9  04400
ISBN 978–89–85521–60–2  04400 (세트)

* 이 도서의 국립중앙도서관 출판시도서목록(CIP)은 e–CIP 홈페이지(http://www.nl.go.kr/ecip)와 국가자료공동목록시스템(http://www.nl.go.kr/kolisnet)에서 이용하실 수 있습니다. (CIP제어번호: CIP2012002174)

culturelook

# c o n t e n t s

# 기하학이란 무엇인가

수학에는 동전의 양면처럼 두 종류가 있다. 불연속적인 수학과 연속적인 수학. 불연속적인 수학은 양 몇 마리, 축구장을 찾은 관중 수, 병 몇 개처럼 셀 수 있는 양量을 다룬다. 인간이 불연속적인 양을 다룬 최초의 증거는 아프리카 일대에서 발견된 이샹고 뼈Ishango bone에서 확인할 수 있다. 이 뼈에는 어떤 대상의 개수를 나타내는 눈금이 표시돼 있다. 하지만 모든 현상을 다 셀 수 있는 것은 아니다. 측량measuring은 셀 수 없는 것을 수로 표시하는 방법이며, 기하학의 뿌리는 이 측량에 있다.

인간은 초기 문명 시절부터 올리브 기름이나 와인과 같은 연속된 양을 다룰 수 있는 방법을 발견했으나, '기하학geometry'이라는 말을 처음 쓴 이들은 나일강 삼각주에 거주하던 농부들이었다. 이 지역에는 매년 홍수가 발생해 누가 어떤 땅을 얼마만큼 갖고 있는지를 나타낸 기록이 쓸려가 버리곤 했다. 이를 막기 위해 농부들은 땅을 정확하게 구분할 수 있는 방법을 고안하게 되었고 그 결과 기하학이 탄생하게 되었다. geometry는 '토지geo'와 '측량metry'이라는 뜻을 가진 그리스어다.

## 기하학의 아버지

고대 그리스의 유명한 수학자를 들라고 하면 대부분은 피타고라스나 유클리드를 먼저 떠올릴 것이다. 요즘은 학교에서 거의 다루지 않지만, 우리들 할아버지 세대만 해도 유클리드의《기하학 원론》을 배우면서 자랐다. 그래서 흔히 유클리드를 '기하학의 아버지'라고들 한다. 하지만 엄밀히 말하면 이 칭호는 유클리드보다 300여 년 앞서 살았던 밀레토스의 탈레스Thales of Miletus(BC 640~546)에게 돌아가야 할 것이다. 탈레스가 남긴

저작은 지금 한 권도 전해지지 않지만 그에 관한 유명한 일화들은 많다. 그중 하나는 탈레스가 BC 2600년경에 세워진 피라미드의 높이를 계산하는 방법을 발견했다는 것이다. 고대 이집트인이 피라미드를 설계하고 건설하기 위해 어떤 기하학적인 방법을 사용했는지는 구체적으로 알려지지 않고 있지만, 고대인들은 피라미드의 높이가 얼마나 되는지 궁금했을 것이다. 탈레스도 마찬가지였다. 그는 하루 중 어떤 특정한 때에 자신의 그림자가 자기 키와 길이가 똑같다는 사실을 발견했다. 그래서 태양이 그 지점에 올 때 피라미드의 그림자 길이를 재고 여기에다 피라미드 밑변 길이의 절반을 더하면 높이가 된다고 생각했다.

탈레스는 원의 지름은 그 원을 정확히 둘로 나눈다는 사실과, 두 변의 길이가 같은 이등변삼각형에서는 두 각의 크기도 같다는 점도 발견했다. 물론 오늘날에는 아무리 수학을 싫어하는 사람에게도 이 정도는 기본 상식과 같아서 탈레스의 통찰력이 별로 대단해 보이지 않을지도 모른다. 그러나 탈레스 시대의 사상가들에게는 그러한 관찰들은 수학적으로 대단한 진보나 마찬가지였다. 탈

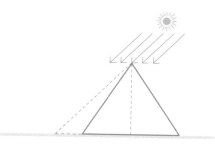

▲ 탈레스는 태양이 특정한 위치에 올 때 피라미드의 그림자 길이를 재 피라미드의 높이를 측정했다.

레스의 추론 방식은 당시로서는 수학에 관한 새로운 접근법이었다. 탈레스 이전 에는 수학이 경험적인 학문이었으나, 탈 레스 이후 일반적인 것을 다루는 추상적 인 학문으로 나아가게 되었다. 탈레스야 말로 근대 수학이 태동할 수 있는 사고 방식을 처음으로 가졌던 인물인 것이다.

다시 말하지만 탈레스는 땅을 측량 하는 것과 같은 경험적인 대상으로부터, 크기에 상관없이 늘 일정한 특성을 갖는 추상적인 원, 추상적인 이등변삼각형과 같은 대상으로 기하학의 관심이 옮겨가 도록 했다. 예컨대 원의 지름은 변하지 만 지름이 원을 이등분한다는 특성은 변 하지 않는데, 바로 그런 성질을 연구하 는 것이 기하학이다.

### 기하학의 핵심: 불변성과 대칭

사람들이 일상적으로 대칭이라는 말을 쓸 때는 보통 균형이 잘 잡혀 있다는 의 미로 사용한다. 나비의 날개라든가, 모 나리자처럼 미소를 품고 있는 초상화라 든가, 사과를 딱 반으로 잘랐을 때 나타 나는 다섯 개의 잎 모양 같은 것들이다. 유클리드 기하학은 이러한 일상적인 대

칭성을 반사 대칭reflective symmetry이나 회전 대칭rotational symmetry이라는 연구 대상으로 다룬다. 나비의 날개는 반사 대칭을 갖 고 있다. 마치 MUM이라는 단어의 모양 처럼 말이다. (MUM이라는 단어를 들어서 거 울에 '반사'시킨다고 생각해 보라. 그래도 MUM 은 그대로 MUM으로 읽힐 것이다. 또 U를 중심으 로 두 개의 M을 U의 위, 아래로 세로로 놓더라도 거울에서 반사되는 상은 변하지 않는다.) 그런 데 심리학자들에 따르면 우리는 완벽하 게 대칭을 이룬 얼굴보다는 그렇지 않은 얼굴에 더 친근한 반응을 보인다고 한 다. 실제로 대부분의 얼굴은 완전한 대 칭이 아니라고 한다.

사과의 중앙에 있는 꽃잎 모양은 반 사 대칭이지만 동시에 회전 대칭이기도 하다. '완벽한' 다섯 꽃잎은 일정한 각도 (72°)로 움직일 때마다 회전하기 전과 같 은 모양을 유지한다.

수학자들은 이처럼 일상에서 찾아볼 수 있는 대칭성을 더욱 수학적인 개념으 로 확장해 왔다. 그래서 수학에서 말하 는 대칭은 일상적인 감각과는 많이 다르 다. 즉 수학에서는 '어떤 작용operation을

▼ 자연에는 나뭇잎이나 눈송이, 나비의 날개에 새겨 진 무늬 등 반사 대칭을 이루는 것들이 많다.

가해도 원래의 어떤 특성을 그대로 유지한다면 그 수학적인 대상은 대칭이다'라고 정의한다.

정의가 좀 복잡해 보일 텐데 하나씩 차근차근 짚어 보자. 여기서 '수학적인 대상'이라는 말은 현실 세계의 구체적인 사물과 구별하기 위해 사용된 것이다. 수학적인 대상은 '절대적으로 완벽하다'는 의미에서 현실에는 없는 관념적인 것이라고 할 수 있다. 예컨대 현실 세계에서는 나비는 완벽한 대칭이 아니다. 나비의 날개를 엄밀히 살펴보면 아주 미세하게나마 두 날개 사이에 차이가 난다는 것을 알 수 있다. 또 아무리 세심하게 그린 나비 그림일지라도 매우 크게 확대해 보면 어긋나는 부분을 발견할 수 있다. 하지만 우리는 일상적으로 그런 미세한 차이까지 확인하지 못하며 그런 차이를 중요하게 여기지도 않는다. 그렇지만 절대적인 완벽함을 추구하는 수학자들에게는 대단히 중요한 문제다. 앞으로 살펴보겠지만 유클리드는 이 현실적인 것과 관념적인 것을 구별하기 위해 갖은 애를 써야 했다. 기하학은 점이나 선, 다각형이나 다면체, (유클리드 시대에는 알지 못했던) 프랙털 같은 '수학적인 대상'을 다루는 학문이다.

대칭의 정의에 나온 '작용'이라는 용어도 살펴보자. 수학자들은 (수학적인) 나비에 대해 '거울에 반사'하는 '작용'을 가할 수 있다. 그러면 나비는 거울에 비친 모습과 실제 모습을 분간하기가 불가능할 정도로 똑같다. 그래서 나비는 '반사 대칭'을 갖고 있다고 말할 수 있게 되는 것이다. 마찬가지로 사과에 대해서도 '회전'이라는 작용을 가하면 원래의 모습이 그대로 유지되는 것을 알 수 있고, 그래서 사과는 '회전 대칭'을 갖는다고 할 수 있다.

이렇게 대칭을 수학적으로 정의하게 되면 대칭의 의미가 좀 더 넓어지는 것을 알게 된다. 예를 들어 삼각형을 일정하게 확대하거나 축소한다고 생각해 보자. 일상적인 의미에서 보면 확대된 삼각형과 축소된 삼각형을 대칭이라고 말하지는 않는다. 하지만 '비례scaling'라는 수학적인 작용(비율을 키우거나 줄이는 것)을 가하게 되면 삼각형의 각의 크기나 변의 상대적인 비율은 변하지 않고 그대로 유지된다. 따라서 이 경우에는 삼각형은 '비례'에 대해 각의 크기와, 변의 비율이라는 측면에서 대칭이라고 말한다. 또한 삼각형을 회전하

◀ 프랙털 도형 중 하나인 코크 눈송이 Koch snowflake는 기하학적으로 매우 특이한 것으로 알려져 있다. 왜냐하면 이 도형의 둘레는 무한히 길기 때문이다(→ pp.166~167).

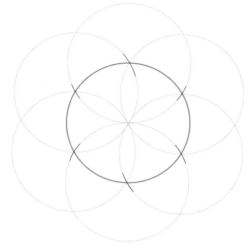

▲ 자와 컴퍼스 같은 기본적인 수학 도구를 사용하면 여러 가지 다각형을 작도할 수 있다(→ pp.20~21).

유클리드 기하학, 즉 평면기하학의 기초적인 연구 대상은 바로 이 대칭들 — 반사 대칭, 회전 대칭, 비례 대칭, 이동 대칭 — 이다. 우리는 학교에서 이런 대칭에 대해서 배운다. 예컨대 '삼각형의 세 각의 합은 180°다'라는 명제는 이런 대칭성에서 나온 것이다. 또한 보다 덜 알려진 것이지만, '벽지의 무늬 패턴은 기본적으로 17개의 형태밖에 없다'는 것과 같은 '사실'들도 이 대칭의 성질들로부터 연역할 수 있다.

## 비유클리드 기하학

지구는 평평하지 않고 구에 가깝다는 것이 분명해짐에 따라 유클리드 기하학에서 '자명'한 것으로 인정되던 '사실들'이 도전을 받게 되었다. 예를 들어 지구가 평평하다고 여기던 시절에는 배가 직선으로 출발해서 세 번 방향을 틀어 삼각형을 그리면서 원래 출발했던 지점으로 되돌아오는 걸 당연하게 생각했다.

지 않은 채 평면 위에서 그대로 움직이는 것을 생각해 보자. 수학적으로 말하면 수평 이동translation이라는 작용을 가하는 것이 된다. 이 경우에도 이동 전과 이동 후의 삼각형은 대칭이라고 할 수 있는데, 이동 전후에도 삼각형의 특성이 그대로 유지되기 때문이다.

## 통계의 대칭성

통계학에서 흔히 나오는 종 모양으로 생긴 곡선은 '정상 분포'(혹은 정규 분포normal distribution)를 나타낸다. '정상'이라는 용어를 쓰는 까닭은 자연에서 일어나는 현상 중 많은 것들이 이 곡선 모양을 띠기 때문이다. 예를 들어 한 인구 집단에서 성인의 키 범위는 대개 종 모양의 곡선을 따른다. 이 곡선의 대칭성은 시험 점수 분포 같은 데서도 이용된다. 만약 수학 시험의 점수 분포가 종 모양의 대칭이 아니라 어느 한쪽으로 기울어져 있다면 그 시험 문제는 난이도 조절에 실패했다는 뜻이 된다.

그러나 측정 및 계산 기술이 발달하면서 그 배가 그리는 삼각형 — 즉 구 표면의 삼각형 — 의 세 각의 합은 180°보다 더 크다는 사실이 밝혀졌다. 이로써 새로운 기하학인 비유클리드 기하학이 탄생하게 된다.

비유클리드 기하학은 또한 수학적으로 어떤 작용을 가하더라도 변하지 않고 그대로 남아 있는 성질을 탐구할 수 있게 해 주었다. 그렇게 해서 나온 것이 '사영기하학projective geometry'이다. 사영기하학은 예를 들어 3차원의 물체를 2차원의 평면에 투영했을 때, 혹은 구 표면에 있는 어떤 대상을 2차원의 평면에 투영했을 때처럼, 상황이나 환경을 바꾸었을 때도 변하지 않고 그대로 남아 있는 성질을 탐구한다. 이탈리아 르네상스 시대의 화가들은 사영기하학에서는 평행선이 한 점에서 만난다는 사실을 깨닫고 이를 자신들의 작업에 활용했다.

한편 위상기하학topology은 더 극단적인 형태로 도형의 변환을 다룬다. 위상기하학은 '고무판rubber sheet' 기하학이라고도 불리는데, 유연한 고무판을 다루듯이 한 형태를 다른 형태로 자유자재로 바꾸기 때문이다. 예를 들어 고무 링rubber ring에 공기를 넣어 부풀리면 가운데가 빈 도넛 모양이 된다. 이것을 더 부풀려서 형태를 바꾸면 이론적으로는 찻잔 모양으로도 변형이 가능하다. 그러나 고무 링을 아무리 부풀려서 형태를 바꾼다 해도 공 모양으로 바뀌지는 않는다. 따라

▲ 사영기하학은 화가들이 그림을 그릴 때 '소실점vanishing point'을 이용하도록 도움을 주었다. 이처럼 회화에 원근법이 도입됨으로써 그림이 더 '사실적'으로 보일 수 있게 되었다.

서 위상기하학에서는 도넛과 찻잔을 대칭성이 있다고 말한다!

비례 대칭은 유클리드 기하학의 토대 가운데 하나다. 삼각형이나 원을 일정한 비율로 확대하거나 축소해도 원래의 삼각형이나 원과 같은 성질을 갖지 않는다면 유클리드 기하학의 상당 부분은 근거를 잃어버리게 될 것이다. 그러나 현실 세계에서는 그러한 비례 대칭은 매우 드물다. 예를 들어 개미나 거미를 SF 영화에 나오는 괴물처럼 확대한다면 이들은 더 이상 살아남지 못할 것이다. 또한 쥐의 다리를 아무리 확대한다고 해도 코끼리의 다리가 될 수는 없는 것이다.

이처럼 유클리드 기하학을 현실에 적용했을 때 드러나는 한계 때문에 프랙털 기하학이 발달하게 되었다. 프랙털 기하학은 자연에서 일어나는 비례 대칭 현상을 탐구한다. 프랙털은 '자기유사성self-similarity'을 주요한 특성으로 가지고 있다. 다시 말해 크기(배율)에 상관없이 항상 동일한 형태를 나타내는 것이다. 이것이 유클리드 기하학의 비례 대칭과 프랙털의 다른 점이다. 유클리드 기하학에서는 삼각형의 특정 부분을 확대하면 삼각형 모양이 아니다. 그러나 프랙털은 일부를 확대해도 전체의 형태를 그대로 간직하고 있다. 프랙털 가운데 가장 유명한 것은 망델브로 집합 프랙털이다.

프랙털이 가진 자기유사성은 자연에

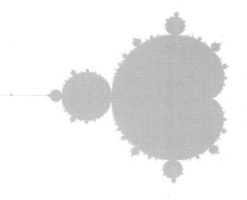

▲ 망델브로 집합 프랙털은 미세한 부분을 확대해서 보거나, 멀리 떨어져서 보더라도 항상 닮은 형태를 나타낸다(→ pp.166 ~ 167).

서 흔히 찾아볼 수 있다. 해안선은 하늘에서 내려다보거나 현미경으로 들여다보거나 상관없이 거의 비슷한 윤곽을 가지고 있기 때문에 프랙털 구조를 가지고 있다고 할 수 있다. 나무나 양치식물, 브로콜리 등도 프랙털 구조를 갖는다.

한편 요하네스 케플러는 기하학에는 두 개의 보석이 있다고 말했다. 그것은 피타고라스 정리와 황금비율이다. 우리는 앞으로 이들에 대해 자세히 알아볼 것이다. 그러나 케플러 이후 기하학에는 새로운 보석들이 많이 생겨났다. 위상기하학이나 프랙털도 그중 하나다. 이런 보석들이 여러분을 기꺼이 맞이할 것이다.

"수학에서 가장 복잡한 대상은 망델브로 집합 프랙털이다……
이것은 너무나 복잡해서 인간이 인위적으로 통제할 수가 없고
그저 '카오스'라고 표현할 수밖에 없다." ── 브누아 망델브로

기하학이란 무엇인가

# 1

# 점, 선, 그리고 원

영화 〈사운드 오브 뮤직〉에서 줄리 앤드루스가 말했듯이
노래는 도, 레, 미로 시작한다. 마찬가지로 기하학은 점, 선,
원으로 시작된다. 교향악이 몇 개의 기본 음계를 통해
만들어지듯이 수학자들은 이 몇 가지의 기본 도형으로부터
수많은 기하학적 대상들을 만들어 낸다.

# 작도 1

기하학은 어디에 존재하는 걸까? 사각형은 현실 세계에 존재하는가, 아니면 수학이라는 관념적인 세계에 존재하는가? 유클리드는 도형은 우리 머릿속에 있는 관념을 표현한 것일 뿐이라고 했다. 유클리드에 따르면 기하학은 오직 상상의 세계에서만 존재한다.

## 관념적인 수학적 대상

유클리드는 '공리'라는 것을 통해 수학에 새로운 물결을 일으켰다. 그는 기하학의 기본 도형에 대해 정의를 내렸는데, 그에 따르면 '점'은 '위치는 있지만 부분은 없는 것,' '선'은 '길이는 있으나 폭은 없는 것'이다. 이렇게 함으로써 그는 수학적인 '관념'(즉 상상 속에서만 존재하는 것)과 현실에 존재하는 것을 구분했다. 만약 점이 현실에 존재한다고 전제하게 되면 그 점을 다시 더 작은 부분으로 한없이 나눌 수 있기 때문에 곤란해진다. 하지만 점을 '부분이 없는 것'이라고 정의하게 되면 더 이상 나눌 수 없게 된다. 그런 점은 현실 세계에서는 찾아볼 수가 없다. 마찬가지로 '폭이 없는' 선도 현실에는 존재하지 않는다. 따라서 기하학은 현실에 존재하지 않는 것 위에 세워진 학문이다. 이것은 어쩌면 패러독스처럼 보이기도 한다.

결국 관념적인 수학적 대상을 표현한 것만이 존재한다. 고대 그리스인들은 이러한 기하학적인 대상들을 표현하는 것, 즉 '작도'에 관해서 매우 흥미를 보였다. 오늘날에는 값싼 각도기에서부터 컴퓨터를 이용한 디자인 도구에 이르기까지 작도를 할 수 있는 다양한 도구들이 존재

하지만 고대에는 그렇지가 못했다. 그들에게는 고작 다음과 같은 두 가지밖에 주어지지 않았다.

- 선을 그을 수 있는 곧은 자(물론 눈금이 새겨져 있지 않아 길이를 잴 수 없었다).
- 원을 그릴 수 있는 컴퍼스.

하지만 이 빈약한 도구를 가지고서도 그리스 기하학자들은 수많은 도형을 그리고 다양한 기하학적 문제들을 풀어냈다. 그들이 했던 작도법 중 몇 가지는 앞으로도 필요하기 때문에 아래에 간단히 소개해 놓았다. 물론 이것들은 학교에서 다 배우는 것들이다.

## 선분을 수직 이등분하기

이 작도법은 직각을 만들거나 선분을 같은 길이로 나눌 때 이용된다.

방법은 우선 자를 가지고 일정한 길이의 선을 긋는다. 이 선분의 양쪽 끝을 각각 A, B라고 하자. 컴퍼스의 한끝을 A에 놓고 선분을 가로지르는 원호를 그린다. 이때 원호의 반지름은 선분 AB의 절반 길이보다 커야 한다. 그다음 컴퍼스를 B 위에 놓고 앞에서와 같은 크기의 원호를 그린다. 자를 이용해 두 원호가

만나는 두 점을 이으면 선분에 직각이면서, 동시에 선분을 이등분하는 선이 만들어진다.

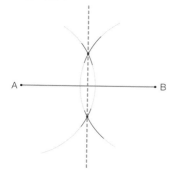

## 각을 이등분하기

자를 이용해 두 개의 선분을 긋되 두 선분이 만나도록 한다. 두 선분이 만나는 점을 O라고 하자. 그다음 컴퍼스의 한끝을 점 O에 두고 원호를 그리면 두 선분과 만나게 되는데, 그 점을 각각 M, N이라고 하자. 이어서 컴퍼스를 움직여 한끝을 점 M에 두고 두 선분 안에 원호를 그린 뒤, 다시 점 N으로 옮겨와서 같은 크기의 원호를 그린다. 두 원호가 만나는 점을 P라고 하고, 자를 이용해 점 O와 점 P를 이으면 선분 OP는 각 O를 이등분하는 선이 된다.

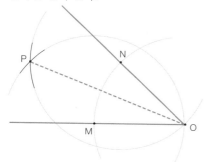

하지만 눈으로 보기에는 선분 OP가 각 O를 이등분하는 것처럼 보이지만, 실제로 그렇다는 것을 증명해야 하지 않을까? 당연하다. 이를 위해서는 삼각형의 합동(→ pp.44~45)을 이용하면 된다. 점 P를 각각 점 M과 점 N과 연결하면 두 개의 삼각형 OMP와 ONP가 생긴다.

선분 MO과 선분 NO의 길이는 같고, 선분 MP와 선분 NP의 길이도 같으며, 선분 OP는 공통되기 때문에 두 삼각형은 합동이라고 할

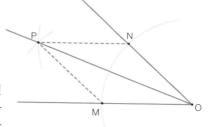

수 있다. 따라서 ∠MOP와 ∠NOP도 같아야 한다. 결국 선분 OP는 각 O를 이등분한다는 게 증명된 것이다. 같은 방법으로 앞에 나온 선분의 직각 이등분도 증명할 수 있다.

## 컴퍼스만을 이용한 작도

덴마크 수학자 에르겐 모르Georg Mohr(1640~1697)는 1672년에 발간한 수학책에서 '자와 컴퍼스를 이용한 모든 작도는 컴퍼스만을 사용해도 작도할 수 있다'는 것을 보여 주었다. 하지만 모르의 책은 1928년에야 발견되었다. 컴퍼스만으로 작도가 가능하다는 주장은 이탈리아 수학자 로렌초 마스케로니Lorenzo Mascheroni(1750~1800)가 1796년 펴낸 《컴퍼스의 기하학》에도 나와 있다. (나폴레옹을 신봉했던 마스케로니는 이 책에 시를 덧붙여 나폴레옹에게 헌정했다고 한다.) 그래서 오늘날 컴퍼스만을 이용한 작도법을 '모르–마스케로니 정리'라고 부른다.

# 작도 2

유클리드 이후의 수학자들은 자와 컴퍼스를 이용한 작도법으로 여러 도형들을 만들어 내기 시작했다. 그중에서 가장 간단하고 그러면서도 중요한 것이 정삼각형이었다.

## 정삼각형 작도하기

변의 길이에는 상관없이 정삼각형을 만들어 보자. 우선 자를 이용해 삼각형의 밑변 AB를 그린다.

컴퍼스의 한끝을 점 A에 두고 선분 AB를 반지름으로 하는 원호를 그린다.

그다음 같은 길이의 반지름으로 컴퍼스의 한끝을 점 B에 두고 원호를 그린다. 처음 원호와 두 번째 그린 원호가 만나는 점을 C라고 하자.

점 A와 C, 점 B와 C를 이으면 정삼각형이 된다.

그렇다면 이 삼각형의 세 변의 길이가 모두 같다는 것을 어떻게 확신할 수 있을까? 선분 AC는 선분 AB의 길이와 같다. 왜냐하면 컴퍼스로 원호를 그릴 때 같은 반지름을 사용했기 때문이다. 마찬가지로 선분 BC와 선분 AB의 길이도 같다. 결국 AB = AC = BC가 된다. 그래서 우리가 작도한 도형은 정삼각형이다. 굉장히 간단하면서도 분명한 이러한 증명 방법은 유클리드 기하학의 전형적인 방식이다. 실제로 길이를 재는 것이 아니라 논리적인 추론 과정을 통해서 증명을 하고 있다. 논리적인 추론은 어떤 변의 길이를 가진 삼각형에도 적용되기 때문에 실제로 측정하는 것보다 훨씬 신뢰도를 높이게 된다. 그렇지 않고 측정에 의존해서 증명하게 되면 "그 삼각형에는 들어맞지만 다른 크기의 삼각형

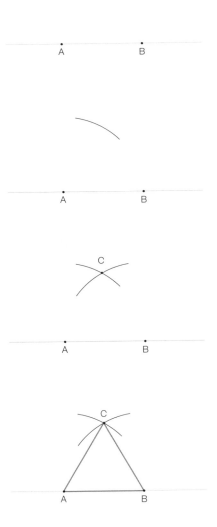

**점, 선, 그리고 원**

에도 들어맞는다는 것을 어떻게 알 수 있는가?"라는 반론에 부딪히기 때문이다.

## 정사각형 작도하기

앞에서 선분을 직각 이등분하는 법을 배웠기 때문에 선분 AB에 직각인 선을 그릴 수 있다.

정사각형의 한 변의 길이는 선분 AB가 된다. 컴퍼스의 한끝을 점 B에 두고 다른 한끝의 연필을 점 A에 두고서 원호를 그린다. 그 원호가 선분 AB와 직각을 이루는 선과 만나는 점을 C라고 하자.

컴퍼스의 크기를 그대로 유지하면서 점 A를 원의 중심으로 삼아 원호를 그린다. 그리고 다시 점 C를 중심으로 삼아 원호를 그려서 두 원호가 만나는 점을 D라고 하자. 점 A와 D, 점 C와 D를 이으면 정사각형이 된다.

앞의 정삼각형에서 사용했던 것과 같은 방식으로 추론을 하게 되면 이 사각형의 네 변의 길이가 모두 같고 네 각이 모두 직각이라는 것을 증명할 수 있다.

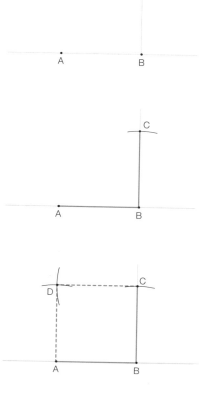

## 정오각형 작도하기

정삼각형과 정사각형을 작도하는 것은 쉬운 편이기 때문에 정오각형도 쉽게 작도할 수 있으리라고 생각할 수 있다. 하지만 앞으로 살펴보겠지만 정오각형을 그리는 것은 결코 수월하지 않다. 그래서 고대의 많은 수학자들이 정오각형을 그리는 데 애를 먹었다.

# 유클리드 EUCLID

'기하학의 아버지'로 알려진 유클리드가 쓴《기하학 원론》은 모두 13권인데, 아홉 권은 2차원의 평면 도형과 3차원의 다면체에 관한 것이고, 네 권은 수에 관한 이론(정수론)이다.《기하학 원론》의 서술 스타일은 매우 다채로워서 유클리드가 다른 수학자들과 함께 작업한 것이 아닐까 추측된다. 이 책에는 많은 '정의'와 '정리'가 담겨 있다. 유클리드가 다룬 기하학의 정리들 중에는 여러분이 학교에서 배워 익숙한 것이 많다. '정리'는 기본적인 공리를 활용해 그것이 옳다는 것을 증명하게 되는데, 증명이 끝났을 때는 'QED'라고 쓴다(QED는 증명이 끝났음을 뜻하는 라틴어 'quod erat demonstrandum'의 머릿글자를 딴 것이다).

19세기 이전까지는 유클리드가《기하학 원론》에서 체계를 세운 평면기하학이 유일한 기하학으로 간주돼 왔다. 그러나 19세기 들어 수학자들이 휘어진 평면 curved surface, 즉 2차 곡면에서의 기하학을 다루면서 기존의 기하학을 '유클리드 기하학,' 새로운 기하학을 '비유클리드 기하학'이라고 구분해서 부르게 되었다.

안타깝게도 유클리드(BC 326~230)의 생애에 대해서는 전해 오는 것이 별로 없다. 그는 플라톤이 세운 아테네의 아카데미에서 플라톤의 제자들과 함께 연구했다고 한다. 이후 이집트 왕 프톨레마이오스 1세(BC 367~

283)가 알렉산드리아 도서관을 개관하면서 그를 초대하자 알렉산드리아로 옮겼다. 이곳에서 위대한《기하학 원론》이 탄생했다. 그는 이곳에서 수학을 가르치기도 했다. 유클리드의 가르침은 그리스 수학자인 아르키메데스와 에라스토테네스에게도 큰 영향을 미쳤다.

## 유클리드의 정리

《기하학 원론》제1권에는 기하학의 기초 용어 22개에 대한 '정의'가 담겨 있다. 이 가운데 처음 네 개는 다음과 같다.

● 《기하학 원론 THE ELEMENTS》은 라틴어와 아랍어로 씌어진 필사본이 보급되다가 15세기에 베니스에서 처음으로 인쇄본이 나왔으며 영어 번역본은 1570년에 출간되었다.《기하학 원론》의 출간은 유럽의 수학 발전에 엄청난 영향을 미쳤으며 18세기 이후 줄곧 학교에서 유클리드 기하학을 교과목으로 가르쳐 왔다. 이 책은 자신보다 앞선 사상가인 플라톤, 아리스토텔레스, 에우독소스 Eudoxus, 탈레스, 히포크라테스, 피타고라스 등의 업적을 연구해 집대성한 것이다. 이런 일화가 전해온다. 프톨레마이오스 1세는 유클리드가《기하학 원론》총 13권을 바치자 이렇게 물었다고 한다. "기하학을 쉽게 배울 수 있는 길이 없는가?" 그러자 유클리드가 답했다. "전하! 기하학에는 왕을 위해 준비된 특별한 길(왕도)이 없답니다."《기하학 원론》외에도 유클리드가 쓴 다섯 권의 저서가 더 전해지는데, 이 책들은 모두《기하학 원론》에서처럼 정의 – 공리 – 정리라는 서술 방식을 똑같이 따르고 있다. 이 다섯 권의 저서는 기하학, 광학, 도형의 비례, 화성학, 천문학 등에 관한 것이다.

- 점이란 부분이 없는 것이다.
- 선이란 폭이 없는 길이다.
- 선의 양끝은 점이다.
- 직선이란 점들이 균등하게 이어져 있는 선이다.

유클리드는 '정의'에 이어 수학의 기초로 10개의 '공리'를 제시했다. 여기서 공리란 우리가 자명한 것으로 받아들이는 명제를 말한다. 그러나 그는 공리가 참된 것으로 인정받으려면 증명을 거쳐야 한다고 주장했다. 그래서 공리를 증명하기 위한 논리 단계를 개발했다. 그는 자신이 제기한 10개의 공리를 다섯 개씩 두 그룹으로 나누었다. 그래서 수학 일반에 널리 적용되는 공리는 '상식common notion'이라 부르고 기하학에만 특별히 적용되는 공리를 '공준postulate'이라고 이름 붙였다. 다음은 다섯 개의 공준이다.

- 어떤 두 점을 이으면 직선을 그을 수 있다.
- 직선은 무한히 확장될 수 있다.
- 한 점을 중심으로 삼고 직선의 일부를 반지름으로 하는 원을 그릴 수 있다.
- 모든 직각은 똑같다.
- 하나의 선과 그 선 바깥에 한 점이 있으면, 그 점을 지나면서 원래의 선과 평행한 선을 그을 수 있다.

《기하학 원론》에서 사용한 증명은 작도에 기초를 둔다. 따라서 하나의 명제를 증명하려면 자와 컴퍼스만을 이용해 도형을 작도하는 법을 우선 알아야 한다. 이때 자에는 눈금이 새겨져 있지 않으며, 컴퍼스를 이용해 상대적인 크기만을 잴 수 있다. 유클리드는 정삼각형을 작도하는 것에서 출발해 점점 새로운 단계를 밟아나감으로써 여러 명제들을 증명해 냈다. 이런 접근법을

'공리적 방법axiomatic method'이라고 한다.

다음 설명은 《기하학 원론》 1권에 등장하는 '정리 6'의 증명 방법이다. 이 정리는 '삼각형에서 두 각이 같으면 그 각의 맞은편 변의 길이도 서로 같다'는 것이다. 이것을 증명하기 위해 유클리드는 모순을 통한 증명, 즉 귀류법을 채택한다.

### ● 정리 6

삼각형 ABC에서 각 ABC와 각 ACB가 같다고 하자. 그러면 변 AB와 변 AC의 길이도 같다(위, 아래 그림 참조).

**증명:** 만약 변 AB와 변 AC의 길이가 같지 않다면 둘 중 하나의 변이 더 길 것이다.

변 AB가 변 AC보다 더 길다고 하자. 그리고 변 AC와 변 DB의 길이가 같도록 변 AB 위에 한 점 D를 잡자. 그런 다음 점 D와 점 C를 연결하자. 변 BC는 삼각형 DBC와 삼각형 ACB에 공통이다. 그리고 변 DB와 BC는 각각 변 AC, CB와 길이가 같다. 각 DBC는 각 ACB와 크기가 같다. (문제에서 그렇게 가정했기 때문이다.)

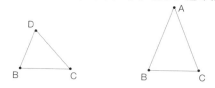

∴ 삼각형 DBC, ACB는 같은 면적을 갖는다. 하지만 더 작은 삼각형과 큰 삼각형의 면적이 같다는 것은 모순이다.
∴ 변 AB가 변 AC와 같지 않다고 가정한 것은 잘못이다. 결국 두 변은 길이가 같아야 한다.
∴ 만약 한 삼각형에서 두 개의 각이 같다면 그 각에 마주하는 두 변의 길이도 같다.

# 1 정12각형 만들기: 꽃시계

## 문제

펠리시티는 공원에서 꽃시계를 보고는 매우 감동을 받았다. 그래서 집으로 돌아와 마당에 있는 둥근 화단 주위로 시간을 나타내는 열두 개의 점을 표시하면 좋을 것 같다는 생각을 했다. 이것은 결국 정12각형을 만드는 문제와 같다. 그녀는 어떻게 자와 컴퍼스만을 사용해서 정12각형을 만들 수 있을까?

## 방법

우리는 앞에서 정삼각형을 작도하는 법을 배웠다. 그 정삼각형을 여섯 개 합치면 정육각형이 된다는 것을 알 수 있다.

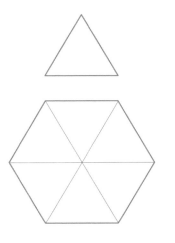

하지만 정삼각형 여섯 개를 합치지 않고서도 정육각형을 작도할 수 있는 방법이 있다. 앞에서 정삼각형을 작도할 때 각 변의 길이를 같도록 하기 위해 컴퍼스를 일정한 길이로 고정시켜 놓았던 것을 생각해 보자(→p.16). 따라서 정육각형을 작도할 때도 먼저 컴퍼스로 원을 그리는 것에서 시작한다. 원을 그린 다음에는 원주 위의 한 점에서 원호를 그린다. 이때 컴퍼스는 원을 그릴 때 상태를 그대로 유지해 원의 반지름과 원호의 반지름이 같도록 한다. 이 원호와 원주가 만나는 점을 표시한다. 이어서 이 교차점에 다시 컴퍼스의 한끝을 두고 다시 원호를 그려 원주와 만나는 점을 표시한다. 이런 식으로 계속해 나가면 똑같은 거리를 둔 여섯 개의 점을 원주 위에 표시할 수 있다.

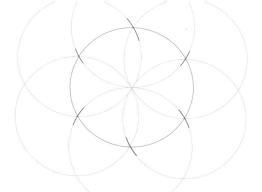

이 여섯 개의 점을 연결하면 정육각형을 얻을 수 있다.

우리는 앞에서 선분을 직각 이등분하는 방법도 배웠다. 그래서 펠리시티는 정육각형의 각 변을 직각 이등분하고 그 선이 원주와 만나는 점을 표시했다.

원 주위를 따라 늘어선 이 열두 개의 점을 서로 연결하면 정12각형이 된다.

**해답**

펠리시티는 먼저 정육각형을 작도함으로써 정12각형을 얻을 수 있었다. 정육각형의 각 변을 직각 이등분하는 선이 원주와 만나는 점 열두 개를 얻었고 이것은 정12각형의 꼭짓점과 같다. 그리고 이 점은 꽃시계의 시각을 표시하는 것이다.

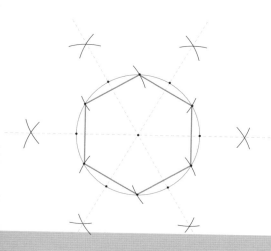

## 2 정오각형 만들기

### 문제

목수인 롭은 테이블 윗면을 정오각형으로 만들어 달라는 주문을 받았다. 롭은 자와 컴퍼스만을 사용해서 어떻게 정오각형을 그려 낼 수 있을까? 정육각형을 작도하는 법을 응용해서 정오각형을 만드는 방법이 있을까?

### 방법

롭은 정삼각형 여섯 개를 합쳐서 정육각형 모양의 테이블 윗면을 만든 적이 있었다. 그래서 그는 정오각형을 만들려면 이등변삼각형 다섯 개를 합치면 될 것이라고 생각했다.

정오각형의 중심에 있는 다섯 개의

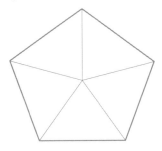

각을 모두 합치면 360°가 되어야 한다. 이 360°를 5로 나누면 각 삼각형의 꼭지각은 72°가 된다. 하지만 컴퍼스만 이용해서 72°를 작도해 내기는 결코 쉽지 않다. 고민을 거듭한 롭은 정오각형보다는

정10각형을 작도하는 것이 더 수월하지 않을까 생각했다. 만약 정10각형을 작도할 수 있다면, 정10각형에서 하나 건너 뛴 꼭짓점끼리 연결하면 정오각형을 얻을 수 있으리라고 보았던 것이다. 정10각형은 이등변삼각형 열 개를 모으면 되고, 이때 각각의 이등변삼각형의 꼭지각은 36°가 된다(360° ÷ 10). 그리고 이등변삼각형의 밑변 양쪽에 있는 각은 각각 72°가 된다(180° - 36° = 144°. 이것을 다시 2로 나눈다. 귀찮게도 다시 72°가 되었다).

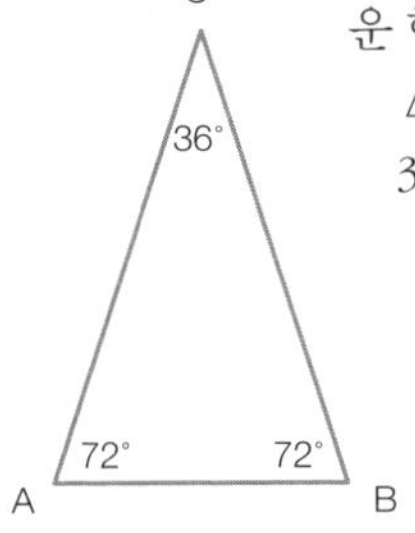

그런데 왼쪽 그림에서 각 A를 이등분하면 흥미로운 현상이 일어난다.

△ACB는 꼭지각이 36°이고, 밑변의 양쪽 각이 72°인 이등변삼각형이다. 한편 △ABD는 각각 36°과 72°인 각을 갖고 있다.

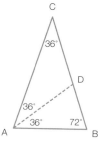

따라서 나머지 한 각은 $180° - (36° + 72°) = 72°$가 된다. 이 삼각형 역시 이등변삼각형인 것이다.

결국 $\Delta$ACB와 $\Delta$ABD는 닮은꼴이고, 닮은꼴 삼각형은 각 변의 비율이 같아야 한다. 여기서 변 AC(그리고 BC)를 1로 두고 변 AB의 길이를 $x$라고 하자. 그러면 이등변삼각형이기 때문에 변 AD도 길이가 $x$이고, 변 CD도 $x$가 된다. 또한 변 BD는 $1 - x$가 된다.

$\Delta$ACB와 $\Delta$ABD의 변의 비율이 같아야 하기 때문에 다음과 같이 나타낼 수 있다.

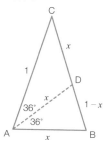

$$\frac{1}{x} = \frac{x}{(1-x)}$$

이것은 황금비율과 관계가 있으므로 (→ pp.64~65)

$$x = \frac{(1 + \sqrt{5})}{2}$$

따라서 정10각형을 그리려면 $\sqrt{5}$의 크기를 가진 선분을 작도할 수 있어야

한다는 말이 된다. 이를 위해서는 먼저 밑변과 높이가 각각 1인 직각삼각형에서 빗변의 크기인 $\sqrt{2}$를 얻을 수 있다.

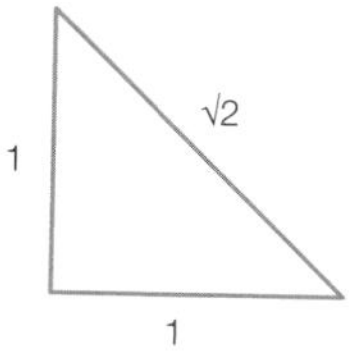

그다음 밑변이 1이고 높이가 $\sqrt{2}$인 직각삼각형에서 피타고라스 정리(→ pp.54~55)를 이용하면,

$$x^2 = (\sqrt{2})^2 + 1^2 = 2 + 1 = 3$$

따라서 $x = \sqrt{3}$이 된다.

이런 과정을 계속해 나가면 $\sqrt{5}$를 얻을 수 있다.

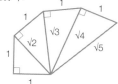

### 해답

롭은 컴퍼스로 먼저 단위 1의 길이를 표시한 다음 여기에 $\sqrt{5}$의 크기를 더한다. 이렇게 얻은 선분을 직각 이등분하면 이것이 삼각형의 밑변(위의 그림에서 $x$)이 된다. 이 크기에 컴퍼스를 맞추고 원주를 따라 원호를 그려 가면 열 개의 점을 얻을 수 있고 이것은 정10각형의 꼭짓점이 된다. 그리고 이 꼭짓점들을 하나 건너서 연결하면 정오각형을 얻게 된다.

# 정7각형의 작도는 불가능하다

초기의 기하학자들은 자와 컴퍼스만으로 정삼각형과 정사각형, 정육각형을 작도하는 법을 손쉽게 밝혀냈다. 또한 이보다는 좀 더 까다롭지만 정오각형을 그리는 방법도 결국은 알아냈다. 그렇다면 이를 토대로 그들은 어떤 정다각형이든 원하는 대로 다 작도해 낼 수 있었을까?

## 제곱으로 늘어나는 정다각형

유클리드는 각의 크기와 변의 길이를 각각 이등분하면 정다각형의 변의 개수를 두 배로 늘릴 수 있다는 사실을 보여 주었다. 예컨대 정사각형의 각과 변을 이등분함으로써 정8각형을 얻을 수 있고, 다시 정8각형으로부터 정16각형을 구할 수 있으며, 정16각형으로부터 정32각형을 작도할 수 있고, 이어서 정64각형…… 식으로 가능해진다는 것이다. 그런데 4각형, 8각형, 16각형, 32각형, 64각형 식으로 늘어나는 정다각형을 자세히 살펴보면 2의 제곱씩 커진다는 것을 알 수 있다. 좀 더 구체적으로 말하면 정사각형은 변의 수가 4개이기 때문에 정사각형으로부터 얻을 수 있는 도형은 $4 \times 2^1 = 8$, 즉 정8각형이 된다. 이를 일반화하면 $4 \times 2^n$으로 표시할 수 있다. 만약 n = 7이면 $2^7 = 128$이므로 $4 \times 128 = 512$가 된다. 따라서 정512각형을 그리는 것이 가능하다는 셈이다. 반면 정삼각형으로부터 시작한다면 변이 세 개이므로 이로부터 작도할 수 있는 다각형은 $3 \times 2^n$이 된다. 그래서 $3 \times 2^1 = 6$, 즉 정육각형을 얻을 수 있고, 이어서 $3 \times 2^2 = 3 \times 4 = 12$로 정12각형, $3 \times 2^3 = 3 \times 8 = 24$로 정24각형, 정48각형 등으로 나아갈 수 있다. 이런 식으로 접근하면 처음 시작하는 다각형의 변의 수가 몇 개냐에 따라 얼마든지 일반화할 수 있게 된다. 예컨대 정오각형에서 시작한다면 $5 \times 2^n$이 되어서 $5 \times 2^1 =$ 정10각형, $5 \times 2^2 =$ 정20각형 등등이 가능하다.

하지만 이런 일반화로는 표현될 수 없는 숫자가 존재한다. 7, 9, 15 같은 것이다. 그렇다면 정7각형, 정9각형, 정15각형은 어떻게 작도할 수 있을까?

## 정15각형 작도하기

정15각형을 그리려면 어떻게 해야 할까? $15 = 3 \times 5$이기 때문에 정삼각형과 정오각형 작도법을 결합하면 얻을 수 있지 않을까라고 생각해 볼 수 있다. 앞에서 정다각형은 이등변삼각형을 하나의 점을 중심으로 여러 개 합침으로써 만들 수 있다는 사실을 살펴보았다. 정15각형이 되려면 이등변삼각형의 꼭지각은 각각 24°가 되어야 한다($360° \div 15 = 24$). 따라서 꼭지각이 24°인 이등변삼각형을 작도할 수 있다면 정15각형을 얻게 되는 셈이다.

먼저 원에 내접하는 정오각형을 가지고 시작해 보자. 정오각형을 그리는 법은 앞에

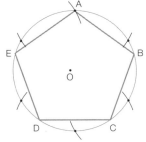

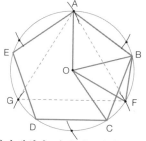

서 이미 배웠다. 이제 정오각형의 외접원 위에 컴퍼스를 이용해 여섯 개의 점을 찍을 수 있다. 이것 역시 앞에서 정육각형을 작도할 때 익힌 것이다. 이 여섯 개의 점을 하나 건너서 서로 연결하면 정삼각형이 만들어진다(위 그림에서 점선으로 표시된 부분).

위의 그림에서 원주와 정삼각형이 만나는 점을 F라고 하자. 그러면 ∠COF는 24°가 된다. 왜 그럴까? 먼저 ∠AOF는 120°다(정삼각형 AGF의 중심각 360° 가운데 3분의 1이기 때문이다). 그리고 ∠AOB는 72°다(정오각형 ABCED의 중심각 중 5분의 1이기 때문이다). 따라서 ∠BOF=120°−72°=48°. 또 ∠BOC는 72°이므로 ∠COF=72°−48°=24°가 되는 것이다.

그러므로 컴퍼스를 선분 CF의 크기만큼 벌려서 원주 위에 점으로 표시해 나간 다음 이들을 연결하면 정15각형이 된다는 것을 알 수 있다. 따라서 정삼각형과 정오각형을 이용해 정15각형을 작도해 낸 것이다.

이런 방법을 일반화하면 우리는 많은 다각형을 작도해 낼 수 있다. 예를 들어 정오

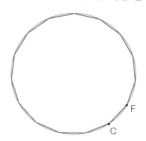

각형 위에 정8각형을 합치면 정40각형을 작도할 수 있다(5×8=40). 그럼 정60각형은? 정12각형과 정오각형을 결합하면 된다(12×5=60). 이런 식으로 여러 다각형들을 결합하면 아주 많은 도형을 만들어 낼 수 있다. 그렇지만 정7각형은 어떨까? 여러분은 아무리 해도 결코 자와 컴퍼스만으로 정7각형을 작도해 낼 수가 없을 것이다.

## ● 천재적인 재능의 가우스

유클리드 이후 1000년 이상 어떤 수학자도 7각형을 작도하는 법을 밝혀내지 못했다. 그러다 1796년 가우스(→ pp.96~97)가 이와 관련된 확실한 답을 내놓았다. 정7각형의 작도법을 발견한 것이 아니라 정7각형을 작도하는 것은 불가능하다는 사실을 증명한 것이다. 이것을 가우스는 정17각형을 작도하는 과정에서 알게 되었다. 사실 정17각형도 유클리드 이후 작도법이 알려지지 않고 있던 다각형이었다.

가우스는 변의 개수가 소수(3, 5, 7, 11, 13, 17…처럼 1과 자신 이외에는 약수를 가지지 않는 양의 정수)인 다각형은 다음과 같은 식으로 표시할 수 있는 경우에만 작도가 가능하다는 것을 증명했다. $p=2^{2^n}+1$

이 식은 1637년 페르마가 처음 제기한 것으로 그의 이름을 따서 '페르마 수Fermat number'라고 부른다. 페르마는 이 식으로 표시되는 수는 모두 소수라고 보았으나 후대의 수학자들이 반드시 소수는 아니라는 것을 밝혀냈다. 아무튼 위의 식에 따르면 17은 $17=2^4+1$로 표시할 수 있으므로 작도가 가능하지만, 7은 이런 식으로 표시할 수 없기 때문에 작도가 불가능하다.

가우스가 이를 증명한 것은 겨우 17세 때였다. 그는 묘비에 정17각형을 새겨달라는 유언을 남겼다. 하지만 안타깝게도 석공이 정17각형은 원과 비슷하게 보인다며 거부하는 바람에 뜻을 이루지 못했다. (결국 훗날 가우스의 고향인 독일 괴팅겐에 기념비를 세우면서 그 초석에 정17각형을 새겨 넣게 된다.)

# 3 정사각형으로 정사각형 채우기

## 문제

고대 그리스 시대부터 전해져 온 고전적인 난제 가운데 '원적 문제squar-ing the circle'라는 것이 있다. 원과 같은 면적을 가진 정사각형을 자와 컴퍼스만으로 작도할 수 있느냐는 문제다. 이 문제는 1882년 $\pi$가 무리수(분수로 나타낼 수 없는 수)라는 것이 밝혀짐으로써 작도가 불가능하다는 점이 증명되었지만 그 이전까지 오랫동안 많은 기하학자들의 골머리를 썩이던 문제였다. 이와 비슷한 문제로 하나의 정사각형을 서로 다른 크기의 정사각형으로 모두 채우는 것이 가능한가라는 것이 있다. 그렇다면 정사각형은 아니지만 가로 32, 세로 33(32×33)인 직사각형을 다음과 같은 9개의 정사각형을 한 번씩만 사용해서 모두 채울 수 있을까? 9개의 정사각형은 변의 크기가 각각 1, 4, 7, 8, 9, 10, 14, 15, 18이다.

## 방법

먼저 가장 융통성이 적은 도형을 배치하는 것이 현명하다. 따라서 정사각형 18×18을 오른쪽 상단에 배치하자. 직사각형의 변은 가로, 세로가 각각 32, 33이기 때문에 한 변이 14와 15인 정사각형을 18×18인 도형의 왼쪽과 아래쪽에 배치하면 딱 맞게 된다. 이제 남은 부분을 어떻게 채울지가 좀 복잡해지는데, 우선 직사각형의 밑변을 생각해 보자. 길이가 32이기 때문에 15를 채우고 남은 17을 채우는 데는 10과 7인 정사각형을 배치하는 방법과, 8과 9인 정사각형을 배치하는 방법의 두 가지가 있다. 하지만 그림 C에서 보듯이 10과 7을 밑변에 놓으면 나머지

A

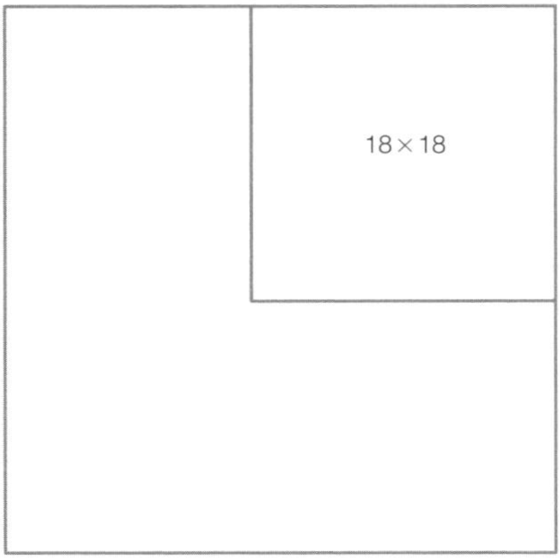

18×18

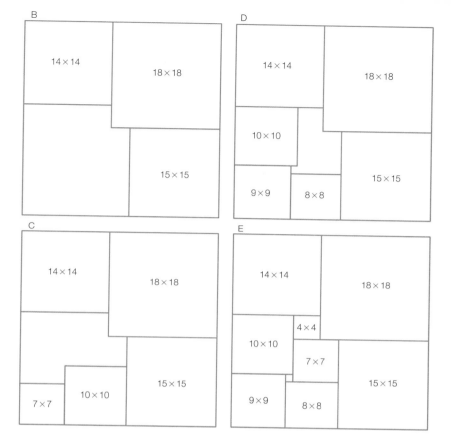

정사각형들로 빈 부분을 채울 수가 없다는 것을 알게 된다. 그렇다면 다른 한 경우, 즉 9와 8인 정사각형을 밑변에 놓아 보자. 그러면 변이 10인 정사각형이 그 위로 갈 수 있고 나머지 부분도 7과 4, 1의 정사각형들로 그림 E처럼 채울 수가 있다.

## 해답

서로 다른 크기의 정사각형들로 직사각형을 채우는 문제를 처음 제기하고 그 해법을 내놓은 것은 1925년 폴란드의 수학과 대학원생이던 즈비그니에프 모롱Zbigniew Moron이다. 하지만 서로 다른 크기의 정사각형으로 (직사각형이 아니라) 하나의 정사각형을 채우

는 문제는 1939년 독일 수학자 롤란트 스프라그 Roland Sprague가 55개의 서로 다른 정사각형을 합쳐 하나의 정사각형을 만드는 방법을 발표하면서 처음으로 풀렸다. 이어 1948년에는 영국의 테오필루스 윌콕스Theophilus Willcocks가 25개의 서로 다른 정사각형으로 하나의 정사각형을 만드는 데 성공했다. 이후 네덜란드 수학자 아드리아누스 뒤베스티진Adrianus Duijvestijn은 20개의 서로 다른 정사각형 타일로 한 변이 112인 정사각형을 만들어 냈다. 이것은 여태까지 발견된 것 중 가장 적은 수의 정사각형을 사용한 것으로 기록돼 있다. 그가 사용한 정사각형 타일은 한 변의 크기가 각각 다음과 같다. 2, 4, 6, 7, 8, 9, 11, 15, 16, 17, 18, 19, 24, 25, 29, 33, 35, 37, 42, 50.

# 고트프리트 라이프니츠GOTTFRIED LEIBNIZ

라이프니츠는 독일의 철학자이자 수학자로 다양한 분야에서 엄청난 업적을 남겼다. 수학에서는 위상기하학, 이진법, 미적분, 기호논리학 등에 새로운 이론과 아이디어를 내놓았고 과학에서는 힘과 에너지, 역학, 우주의 상대성 등에 기여했다. 또한 철학과 형이상학, 신학 분야에서도 많은 저작을 남겼다. 독일 북부 하노버의 브룬스비크 공작 소유의 도서관에서 관장으로 근무할 때는 10만 권이 넘는 장서의 색인 체계를 창안하기도 했다. 그는 또 당시 학자들이 모든 지식의 백과사전을 만들려는 작업에 관여하기도 했으며, 평생에 걸쳐 라틴어로 시를 지은 시인이기도 했다.

라이프니츠는 신의 본성에 관해 쓰면서 신이란 '모든 가능한 세계들 가운데 최선의 것the best of all possible worlds'이라고 했다. 또 신은 이 세계를 선과 악의 균형이 잡히도록 창조했으며, 나아가 악은 극복되고 선한 의지가 이기게 되는 것이 신의 섭리라고 주장했다. 볼테르는 라이프니츠의 이런 낙관론을 풍자 소설 《캉디드》에서 조롱했다. 《캉디드》에는 팡글로스 박사라는 인물이 등장하는데, 이 캐릭터는 아무리 엄혹한 상황에서도 낙관적인 태도를 잃지 않는다. 이는 바로 라이프니츠를 패러디한 것이었다.

고트프리트 빌헬름 라이프니츠는 1646년 독일 라이프치히에서 태어났다. 아버지는 라이프치히대학 철학 교수였으나 라이프니츠가 6세 때 세상을 떠났다. 그는 어릴 때부터 아버지 서가에 있던 책들을 탐독했으며 14세 때 대학에 입학해 20세 때 법학

▶ 라이프니츠는 논리학, 수학, 역학, 지질학, 신학, 법학, 철학, 역사, 언어학 등 거의 모든 방면에 관심을 가진 박학다식한 인물이었다.

으로 박사 학위를 받았다.

대학을 졸업하던 해인 1667년 그는 프랑크푸르트로 옮겨 당시 유명한 정치가였던 보이네부르크 남작의 후원을 받으면서 많은 일을 했다. 그가 남작을 위해 한 일은 과학, 문학, 정치학, 법학 등 다양했다. 그는 맡은 일을 능숙하고 뛰어나게 해낸 데다 주변 사람들과의 관계도 원만해 칭송을 받았다. 라이프니츠는 1672년 파리로 건너가 거기서 뛰어난 수학자, 과학자, 철학자들과 교류를 나누었다. 그는 다시 런던으로 여행을 떠났는데, 이 무렵 자신이 개발한 계산기를 만들기도 했다(이 계산기는 현재 하노버주립박물관에 보관돼 있다). 그는 이런 공적을 인정받아 영국왕립협회 회원으로 추대됐다.

남작이 죽고 난 뒤 하노버에 있는 브룬스비크 공작이 라이프니츠를 후원했다. 그는 거기서 공작의 도서관을 관리하는 한편 수압기와 풍차, 램프, 시계, 마차, 펌프 등 일상의 기계나 기구들에 대한 연구뿐 아니라 이

진법과 미적분법을 연구하기도 했다. 브룬스비크 공작이 세상을 떠나자 공작의 동생이 계속 후원했는데, 그는 라이프니츠에게 브룬스비크 가문에 대한 역사를 쓰도록 했다. 그래서 라이프니츠는 자료 수집을 위해 유럽 각지를 여행하면서 현지의 귀족 및 학자들과 접촉하면서 자신의 관심 분야 공부에 더 깊이 파고들었다. (이렇게 다른 일에 더 시간과 정성을 쏟게 되자 기분이 언짢아진 공작은 1712년경 그를 다시 하노버로 불러 들여 자기 곁에서 책을 쓰라고 지시했다.) 라이프니츠는 세 권으로 된 브룬스비크 가문의 역사 중 마지막 권을 다 마치지 못하고 1716년 세상을 떠났다.

## 뉴턴과의 표절 논쟁

1676년 런던의 왕립협회를 방문한 라이프니츠는 뉴턴이 미적분에 관해 쓴 미발표 논문을 접하게 된다. 그런데 8년 뒤인 1684년 라이프니츠가 미적분에 관해 자신이 연구한 것들을 모아 책으로 발간했다. 뉴턴은 그때까지도 자신의 미적분 논문을 출간하지 않은 상태였다. 이 논문은 1693년에야 출판되고 더 보완된 형태가 1704년에 발간되었다.

이렇게 되자 뉴턴과 그의 추종자들은 라이프니츠가 뉴턴의 논문을 표절했다며 비난했다. 이에 대해 라이프니츠는 뉴턴의 논문을 보기 이전에 벌써 미

분에 대한 연구를 진행했다면서 1675년부터 씌어진 자신의 노트와 글들을 공개했다. 아마도 두 사람은 각자 독자적인 방식으로 미적분을 발견했을 것이다. 실제로 두 사람은 조금 다른 방식으로 미적분을 다루었다. 그러나 연구를 더 진전시켜 나가는 과정에서 서로의 연구 결과로부터 영향을 주고받았을 것이다. 어쨌든 두 사람은 어떤 곡선의 한 점에서 접선을 찾는 것(미분)은 그 곡선으로 둘러싸인 면적을 구하는 것(적분)과 정반대 관계에 있다는 것을 발견했다. 오늘날 우리가 사용하는 적분 기호($\int$)와 미분 기호($\partial$)는 라이프니츠가 제안한 것이다.

표절 논쟁은 라이프니츠 사후에도 오랫동안 지속되었다. 뉴턴은 대중적으로 인기가 높은 과학자였고 추종자들도 많기 때문에 18세기 영국인들 사이에는 라이프니츠에 대한 부정적인 여론이 팽배해 있었다. 발견자가 누구이든 간에 미적분의 발견은 혁명적이었으며 오늘날 물리학과 화학, 공학, 경제학, 사회학 등 많은 학문 분야에서 필수적인 도구로 이용된다.

▶ 라이프니츠는 일생 동안 두 대의 계산 기계를 만들었던 것으로 추정되는데, 사진은 그중 한 대다.

# π

우리는 수학 시간에 배웠기 때문에 π (파이, 원주율)에 대해서는 웬만큼 들어 알고 있다. π 의 값은 약 3.141이고, $\frac{22}{7}$ (이것도 근사치다)로 나타낼 수 있다는 것도 안다. 고대 그리스 시대 기하학자들도 π 에 대해서는 잘 알고 있었다. 하지만 그들은 π 를 수의 개념으로는 전혀 인식하지 않았다. 그들은 원과 원주 사이의 관계를 통해, 기하학적으로만 π 를 이해했던 것이다.

## 지름과 원주 사이의 비율

고대 기하학자들은 원의 둘레(원주)가 지름의 약 3배라는 사실을 알고 있었다. BC 1650년경 이집트에서 만들어진 것으로 추정되는, 현존하는 가장 오래된 수학책인 린드 파피루스Rhind papyrus에는 π 값을 $(\frac{16}{9})^2$, 즉 3.16049까지 계산한 것으로 나온다. 또한 바빌로니아인들은 원주와 원의 비율은 3이 넘고, 그 값이 $3\frac{1}{8}$ 이라고 생각하고 있었다. 이 값은 학교 교과서에 나오는 $3\frac{1}{7}$ 에 매우 근접한 것이다. 3세기경에는 고대 중국의 수학자인 류휘劉徽가 192개의 변을 가진 정다각형을 원에 내접시키기도 했다. 그는 이후 π 값을 구하기 위해 3072개의 변을 가진 다각형을 원에 내접시켜 약 3.141024라

는 값을 얻었다.

한편 아르키메데스는 π 의 값은 $3\frac{10}{71}$ 에서 $3\frac{1}{7}$ 사이에 존재한다고 주장했다. 우리가 앞에서 보았듯이 초기의 기하학자들은 자와 컴퍼스만으로 도형을 작도하는 데 능했고 거기서 편안함을 느꼈다. 아르키메데스 역시 원주의 길이를 측정하기 위해 원에 내접하는 정다각형과 원에 외접하는 정다각형을 작도하는 방식을 취했다. 원에 내접하거나 외접하는 정육각형은 π 값을 구하기 위한 가장 간단한 출발점이다.

아래 왼쪽 그림에서 원의 반지름이 1이라면, 원에 내접하는 정육각형의 각 변의 합(둘레)은 6이 된다. 따라서 원의 둘레는 지름(2)의 세 배보다 더 크다는

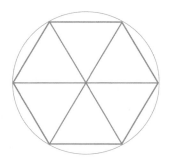
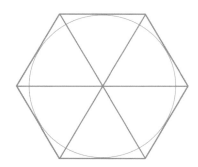

말이 된다. 한편 원에 외접하는 정육각형의 각 변의 길이를 알려면 피타고라스 정리를 이용하면 된다. 외접하는 정육각형에서 한 변의 길이를 R이라고 하면, 다음 그림과 같은 삼각형을 추출할 수 있다. 그림의 삼각형에서 한 변이 $\frac{1}{2}$R인 까닭은 그 변의 중간에서 원과 접하고 있기 때문이다.

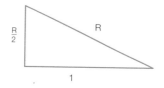

## 피타고라스 정리의 적용

$$R^2 = (\tfrac{R}{2})^2 + 1^2$$
$$R^2 = \tfrac{R^2}{4} + 1$$
$$\tfrac{3}{4} R^2 = 1$$
$$R^2 = \tfrac{4}{3}$$
$$R = \tfrac{2}{\sqrt{3}}$$

즉 R은 약 1.15라는 것을 알 수 있다. 따라서 외접하는 정육각형의 둘레는 7보다는 작고, 원의 지름의 약 $3\frac{1}{2}$배라는 것을 알 수 있다.

아르키메데스는 이를 토대로 변의 개수를 두 배씩 늘려나가면서 계산을 계속했다. 즉 정12각형, 정24각형, 정48각형, 정96각형까지 원에 외접을 시켰다. 그는 원의 면적을 구할 때도 이와 비슷한 방식을 채택했다(→ pp.72~73).

## π값의 현대적인 계산

오늘날에는 컴퓨터를 이용해 π값을 소수점 이하 10억 자리까지 계산할 수 있게 되었다. π는 무리수이기 때문에 아무리 애를 쓰더라도 완벽한 값을 얻을 수는 없다.

사람들은 π의 값을 소수점 이하 많은 자릿수까지 기억하려는 노력도 기울여 왔는데, 현재까지 가장 많은 자릿수를 기억한 인물은 중국의 류차오다. 그는 2005년 11월 π의 값을 소수점 67,890자리까지 외웠다. 그가 이것을 다 외우는 데 걸린 시간은 24시간 4분이었다. 이 정도의 탁월한 기억력을 갖지 못한 보통 사람들에게 π값을 소수점 이하 여섯 자리까지 기억할 수 있는 간단한 방법이 있다. 실제로 이 정도만 외워도 실생활에서는 별 문제가 없기 때문에 도움이 될 것이다. 다음 문장의 각 단어에 나오는 알파벳 개수가 바로 π값이다.

How I wish I could calculate pi. (π값을 계산할 수 있다면 얼마나 좋을까.) How는 알파벳 세 개니까 3, I는 1, wish는 4, 다시 I는 1, could는 5, calculate는 9, pi는 2. 이것을 차례대로 쓰면 π값은 3.141592가 된다!

## 4  반원의 둘레: 화단 가꾸기

### 문제

제니는 원형으로 된 화단을 갖고 있다. 화단 주변은 작은 통나무가 빙 둘러싸고 있다. 제니는 이 화단 모양에 싫증이 난 나머지 반원형 모양으로 바꾸고 싶어 한다. 또한 나머지 반쪽도 그림과 같이 똑같은 크기의 두 개의 반원으로 고치려고 한다.

이렇게 바꿀 때 제니는 이 새로운 화단의 둘레를 채우기 위해 통나무를 얼마나 더 사들여야 할까?

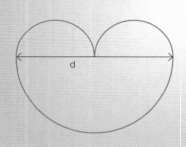

### 방법

지름이 $d$인 원의 둘레는 $\pi d$로 나타낼 수 있다. 따라서 큰 반원의 둘레는 $\pi\frac{d}{2}$가 된다.

그리고 새로 두 개의 작은 반원을 만들면 이 반원들은 지름이 각각 $\frac{d}{2}$이기 때문에 둘레도 각각 $\frac{1}{2}(\pi\frac{d}{2})=\frac{1}{4}\pi d$가 된다. 따라서 두 개의 작은 반원의 둘레는 $\frac{1}{4}\pi d+\frac{1}{4}\pi d=\frac{1}{2}\pi d$다.

결국 큰 반원의 둘레 $\frac{1}{2}\pi d$와 두 개의 새로 생긴 반원의 둘레 $\frac{1}{2}\pi d$를 합치면($\frac{1}{2}\pi d+\frac{1}{2}\pi d$) 전체 둘레는 $\pi d$가 된다. 즉 원래 원의 둘레와 같아지는 것이다. 그

래서 제니는 새롭게 화단을 꾸미더라도 통나무를 더 사들일 필요가 없다.

그렇다면 하나의 큰 반원과 세 개의 서로 다른 크기의 반원을 가진 화단으로 디자인을 바꾸면 어떻게 될까? 이렇게 해도 원래의 화단 둘레와 같은 길이가 될까?

새로 생긴 세 개의 반원들은 지름이 각각 $d_1$, $d_2$, $d_3$라고 하자. 그러면 이 작은 반원들의 둘레는 $\frac{1}{2}\pi d_1+\frac{1}{2}\pi d_2+\frac{1}{2}\pi d_3=\frac{1}{2}\pi(d_1+d_2+d_3)$다. 그런데 $d_1+d_2+d_3=d$이므로 이 새로운 디자인의 전체 둘레는 $\frac{1}{2}\pi d+\frac{1}{2}\pi d=\pi d$가 된다. 다

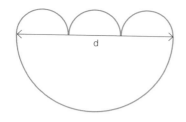

◀ 세 개의 작은 반원들의 둘레의 합과 큰 반원의 둘레를 어떻게 비교하면 좋을까?

시 한 번 원래 원의 둘레와 같다는 것을 알 수 있다.

이것을 일반화하면 작은 반원을 아무리 많이 늘려도 전체의 둘레는 원래 원의 둘레와 같다고 할 수 있을 것이다. 그렇다면 이 작은 반원들의 수를 점점 더 늘려간다고 생각해 보자. 그렇게 해서 무한개의 반원을 만들었다고 하자. 물론 이렇게 무한히 늘리면 반원들의 모양은 거의 직선처럼 돼 버려 원래 원의 지름과 닮아갈 것이다. 그렇게 되면 지름의 길이와 작은 반원들의 둘레의 합은 같아질 것이다. 하지만 그렇지가 않다. 아무리 반원들을 무한히 작게 하더라도

그것들의 둘레의 합은 원래 큰 원의 지름보다 크다. 이것은 우리가 앞에서 구한 값과는 배치된다. 따라서 분명 패러독스라고 할 수 있다.

이런 패러독스는 무한의 세계에서는 흔히 일어나는 일이다. 실제 세계에서는 '참'인 것이 무한의 세계에서는 참이 아닌 경우가 있는 것이다.

## 해답

제니는 원래 화단의 지름을 따라 화단 둘레를 아무리 작은 반원 모양으로 만들더라도 그 둘레를 채우기 위해 지금보다 더 많은 통나무를 살 필요가 없다.

## 문제

지구가 완전한 구형이고, 탁구공처럼 표면이 아주 반질반질하다고 가정해 보자. 그리고 적도를 따라 지구 표면에 밀착이 되도록 리본을 한 바퀴 빙 둘러서 감았다고 상상해 보자. 물론 리본의 처음과 끝은 딱 일치한다. 그런 다음 원래의 리본에 3피트 길이의 리본을 덧붙여서 다시

지구 둘레를 감았다고 가정하자. 그러면 이 새로운 리본은 처음 리본보다 길기 때문에 지구 표면에서 살짝 떠 있게 될 것이다. 그렇다면 그 틈새의 크기는 얼마나 될까? 머리카락 한 가닥은 지나갈 수 있을까? 아니면 종이 한 장, 동전 하나, 손가락 하나, 쥐 한 마리, 고양이 한 마리, 개 한 마리, 말 한 마리가 지나갈 수 있을 정도일까?

\* 1피트＝12인치＝30.48cm (1인치＝2.54cm)

## 방법

적도를 따라 지구 둘레를 휘어감은 리본의 길이(수천 마일 가량 될 것이다)에 비하면 추가로 덧붙여진 리본의 길이 3피트는 어마어마하게 작은 양이라고 할 수 있다. 그래서 얼핏 생각하면 지구 표면과 리본 사이의 틈새는 머리카락 하나도 들어가기 힘들 정도로 작을 것이라고 여겨진다. 과연 얼마나 될지 이제부터 계산해 보자.

구형으로 된 지구의 반지름을 R피트라고 하자(추가된 리본의 길이 단위가 피트이므로 마일보다는 피트로 단위를 통일시키는 것이 계산하기에 편하다). 그러면 원래의 리본 길이는 지구의 둘레와 같으므로 $\pi(2R) = 2\pi R$이 된다.

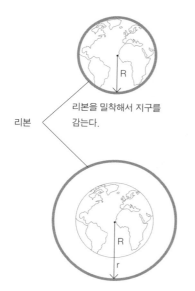

리본을 밀착해서 지구를 감는다.

리본

리본 길이는 덧붙인 3피트에 의해 늘어난다. r을 구하라.

한편 3피트 길이의 리본을 추가했을 때 생기는 지구 표면과 리본 사이의 틈새 크기를 r이라고 하자. 그러면 원래 리본과 추가한 리본이 만드는 원의 반지름은 $(R+r)$이 된다. 이 원의 둘레는 원래 리본의 길이에 3피트를 더한 것과 같다. 따라서 다음과 같은 식이 성립한다.

$$2\pi(R+r) = 2\pi R + 3$$

이 식을 정리하면

$$2\pi R + 2\pi r = 2\pi R + 3$$
$$2\pi r = 3$$
$$r = \frac{3}{2\pi}$$

$\frac{3}{2\pi}$은 약 0.48이므로 r은 0.5피트보다 조금 작다는 것을 알 수 있다. 다시 말해 지구 표면과 리본 사이의 틈새는 6인치에 조금 못미치는 것이다.

그런데 여기서 다시 r을 잘 살펴보자. r의 값을 구하는데, 지구의 반지름 R은 전혀 반영되지 않았다는 것을 알 수 있다. 이것은 틈새 r은 지구의 반지름과는 아무런 상관이 없다는 뜻이 된다. 예컨대 테니스 공을 리본으로 두른 다음 3피트 길이의 리본을 덧붙여도 테니스공과 리본 사이의 틈새는 지구의 경우와 마찬가지로 6인치 조금 안 되는 크기라는 뜻이다. 만약 태양을 둘러싸는 경우에도 똑같은 크기의 틈새가 만들어질 것이다.

## 해답

구형의 물체에 리본을 밀착해서 감은 다음 3피트 길이의 리본을 추가하면, 구형의 반지름 크기에 상관없이 덧붙여진 리본 때문에 생긴 틈새의 크기는 약 6인치가 된다.

# 르네 데카르트 RENÉ DESCARTES

르네 데카르트는 프랑스의 수학자이자 철학자, 과학자로서 근대 철학의 아버지라고 불린다. 그는 "나는 생각한다, 고로 존재한다"라는 유명한 말을 남겼다. 그는 저서 《기하학》에서 도형을 대수학으로 분석하는 방법을 소개했다. 즉 평면에 점의 위치를 정하는 좌표계를 도입했던 것이다. 이 방법론을 오늘날에는 '데카르트 기하학'이라고 부른다.

데카르트(1596~1650)는 프랑스의 소도시 투렌에서 출생했으나 태어난 지 1년 만에 어머니를 잃었다. 어릴 때부터 병약했던 탓에 집안에서는 그가 오전 11시까지 자도록 내버려 두었다. 이런 습관은 평생 동안 계속 되었다. 푸아티에대학에서 법학 학위를 받았지만 법률가가 되기를 포기하고 장교로 군에 입대했다. 1617년 네덜란드의 마우리츠 오란예 왕자의 부름을 받고 브레다로 옮긴 그는 다시 독일 바이에른으로 건너가 30년 전쟁에 참여했다.

이렇게 떠돌던 1618년 무렵 데카르트는 앞으로 지혜와 지식을 추구하면서 일생을 보내야겠다고 결심한다. 이후 군에서 근무하면서 시간이 날 때마다 수학과 역학, 철학을 탐구했다. 네덜란드의 브레다에 머무를 때 의대생이자 수학자였던 아이작 비크만Isaac Beekman과 교류하게 되는데, 비크만에 따르면 당시 데카르트는 다양한 분야에서 기발한 생각을 펼쳐 보였다고 한다. (예를 들면 류트라는 현악기의 줄을 조율하기 위해 수학적인 방법을 이용했고, 진공에서 떨어뜨린 연필의 낙하 속도가 어느 만큼씩 증가하는지를 예측하기 위해 그래프를 그렸다.) 이처럼 데카르트는 남들이 눈길 주지 않는 문제를 풀기 위해 기발한 착상과 아이디어를 내놓았다. 그는 22세 되던 해 비크만에게 편지를 써서 모든 기하학적 도형은 축과 직선 그리고 곡선으로 표현할 수 있다고 했다.

1628년 네덜란드에 정착한 그는 이후 20년간 왕성한 저술 활동을 펼쳤다. 1649년 스웨덴의 크리스티나 여왕이 가정교사로 초청하자 스웨덴으로 건너갔

● 그가 쓴 최초의 주저는 《우주론 LE MONDE》으로 큰 논쟁을 불렀던 코페르니쿠스의 논문을 기초로 삼고 있다. 그는 이 책을 1634년에 출간하려고 했으나 갈릴레오가 교황청에 구속됐다는 소문을 듣고 출간을 보류했다고 한다. 그래서 이 책은 데카르트 사후인 1664년에야 세상에 나오게 되었다. 1637년에는 근대적인 과학방법론을 제시했다고 평가받는 《방법서설 DISCOURS DE LA MÉTHODE》을 비롯해 《광학》, 《기상학》, 《기하학》 등을 출간했다. 1641년에 나온 《제1철학에 관한 성찰 MEDITATIONES DE PRIMA PHILOSOPHIA》에서는 인간의 정신과 신체는 별개라고 보는 데카르트의 이원론二元論이 소개되었다. 그는 이 밖에도 인간의 신체, 악기, 역학 등 다양한 주제로 아주 많은 글을 썼다.

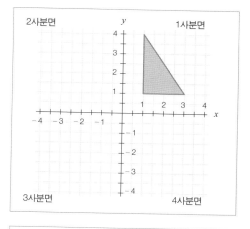

으나 이듬해 폐렴을 앓다 세상을 떠났다.

## 데카르트의 기하학

데카르트는 기하학과 대수학을 결합해 전혀 새로운 수학의 한 분야를 개척했다. 그가 제안한 대수론적으로 분석한 기하학, 즉 데카르트 기하학에서는 도형이 하나의 방정식으로 변환된다. 데카르트의 방법론은 뉴턴과 라이프니츠에게도 영향을 미쳐 미적분을 발견하는 데도 큰 도움이 되었다.

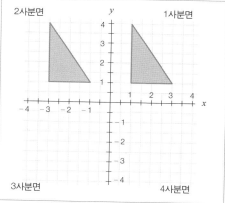

데카르트 기하학은 도형의 모양을 나타내기 위해 서로 수직으로 교차하는 수직선을 사용한다. 이 수직선으로 이루어진 좌표계를 이용하면 도형의 변화도 쉽게 나타낼 수 있다. 즉 도형을 수평 이동할 수도 있고 회전시킬 수도 있으며 확대나 축소도 가능하고 거울 대칭으로 변화시킬 수도 있다. 간단한 예를 들어보자. 오른쪽 그림은 녹색으로 된 삼각형을 파란색 삼각형의 위치로 옮기는, 수평 이동을 보여 준다. 이것을 대수적으로 어떻게 표현할 수 있을까?

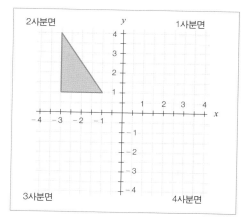

꼭짓점이 각각 $(1, 1)$ $(3, 1)$ $(1, 4)$인 녹색 삼각형을 수평 이동하려면 꼭짓점의 각 좌표를 같은 거리만큼 옮겨야 한다. 따라서 수평 이동한 삼각형의 좌표는 $(1+X, 1+Y)$ $(3+X, 1+Y)$ $(1+X, 4+Y)$가 된다. 즉 $x$축 위의 모든 점은 X만큼 움직이고, $y$축 위의 모든 점은 Y만큼 움직인다. 그런데 녹색 삼각형을 푸른색 삼각형 위치로 옮기려면 $y$축에서는 변화가 없고 $x$축 위에서만 이동이 있어야 한다. 그리고 $x$축 위에서의 이동 거리는 왼쪽으로 4만큼 간 것이다. 축의 왼쪽으로 옮긴다는 것은 마이너스($-$)라는 의미이므로 X는 $-4$가 된다. 물론 Y는 0이다.

# 원뿔곡선

갓을 씌운 전등에서 나온 빛이 벽이나 천장에 그림자를 만드는 모습은 우리에게 친숙한 풍경이다. 갓이 둥근 모양일 경우 천장에 비치는 그림자는 큰 원의 모습을 띤다. 그러나 전등을 조금 기울이면 그림자는 원 모양을 잃고 찌그러진 형태가 될 것이다. 이때 벽에는 두 개의 곡선 이미지가 생기는데 하나는 전등보다 더 높은 곳에, 다른 하나는 전등보다 더 낮은 위치에 생기게 된다. 하지만 이들 두 그림자는 더 이상 원이 아니다. 이들은 원뿔곡선이라 불리는데, 수학자들은 800년경부터 이 곡선을 연구해 왔다. 원뿔곡선은 역학과 천문학 연구에 많은 영향을 미쳤다.

### 다양한 원뿔곡선 만들기

이들을 원뿔곡선이라고 부르는 까닭은 이중 원뿔(더블 콘)을 자를 때 만들어지기 때문이다. 이중 원뿔을 쉽게 이해하려면 아이스크림 콘 두 개를 꼭짓점끼리 연결했다고 생각하면 된다(아래 그림을 보라). 원뿔을 수평으로 자를 때 얻어지는 도형이 원이고 자르는 면을 조금 기울이면 타원이 얻어진다. 따라서 원은 타원의 특수한 경우라고 할 수 있다.

타원을 만들려면 이중 원뿔의 한쪽만 자르면 된다. 그런데 자르는 면을 점점 기울여서 두 개의 원뿔 모두를 자르게 되면 두 개의 쌍곡선을 얻게 된다. 쌍곡선은 닫혀 있는 곡선인 타원과 달리 열려 있는 곡선이다. 즉 곡선이 바깥으로 무한히 멀리 뻗어나가는 모양을 갖는다.

원뿔을 잘라서 얻을 수 있는 곡선에는 타원과 쌍곡선 외에 포물선이 있다. 포물선은 타원과 마찬가지로 원뿔의 한쪽 면을 잘라서 얻는다. 그러나 타원을 구할 때와는 달리 자르는 면이 원뿔의 윗면을 경사지게 지나야 얻어진다. (아래 오른쪽 그림 참조.) 포물선도 쌍곡선과 같이 무한히 바깥으로 뻗어나가는 모양새를 갖는다.

### 점의 자취

원뿔 곡선은 평면 위에서 점의 자취로도 얻을 수 있다. 먼저 타원을 그리는 방법을 알아보자. 평평한 보드 위에 핀 두 개

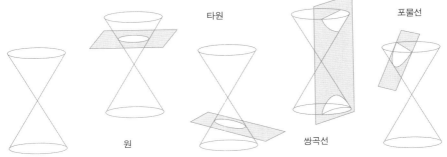

타원

포물선

원

쌍곡선

점, 선, 그리고 원

끈이나 실로 된 고리

타원의 장축

핀을 타원의 두 초점에 꽂는다

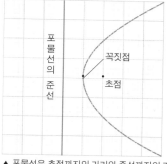

포물선의 준선

꼭짓점

초점

▲ 포물선은 초점까지의 거리와 준선까지의 거리가 항상 같은 점들의 자취다.

를 꽂고 끈이나 실로 고리를 만들어 두 핀을 둘러싼 다음 연필로 그 고리를 팽팽하게 당겨 보자. 고리를 팽팽한 상태로 유지하면서 연필을 움직이면 타원 모양이 그려지는 것을 알 수 있다.

고리의 길이는 일정하기 때문에 타원을 만드는 점들은 두 핀의 중간 지점으로부터 모두 같은 거리에 있다고 할 수 있다. 또한 그 거리는 두 핀에서 점에 이르는 거리를 합친 것과 같다. 이때 두 핀의 위치를 타원의 초점이라고 부른다. 이 두 점, 즉 초점을 점점 가까이 다가가게 할수록 타원은 원의 모양에 가까워지는데, 마침내 두 초점이 하나로 합쳐지면 그 점이 바로 원의 중심이 된다.

포물선을 얻으려면 점의 자취가 어떠해야 할까? 평면상에 어떤 한 점과 한 직선이 주어져 있다고 하자. 이때 이 점과 직선에 이르는 거리가 같은 점들의 자취가 포물선이 된다. 그리고 주어진 한 점을 포물선의 초점, 한 직선을 포물선의 준선이라고 부른다.

일상에서 포물선을 만들기는 쉽다. 우리는 공을 멀리 던지려고 할 때 대개 공의 궤적이 포물선 모양이 되도록 한다. 그래야 가장 멀리 날아가기 때문이다. 거울이나 위성방송용 접시 안테나도 포물선과 관계가 있다. 포물선 모양의 접시 내부에서 반사된 빛이나 전파 신호는 포물선의 초점에서 모이게 되는 것이다.

## 현수교

쇠줄이나 로프가 양끝의 두 점 사이에 걸려 있을 때, 그 줄이 만들어 내는 모양은 포물선처럼 보인다.

갈릴레오도 이런 모양은 포물선이라고 주장했으나, 독일 수학자 요하임 융기우스Joachim Jungius는 1669년에 갈릴레오의 생각이 틀렸다는 것을 보여 주었다. 스위스 수학자 요한 베르누이Johann Bernoulli는 1690년에 이 곡선 모양이 어떤 원뿔곡선에 속하는지 알아보자고 공개적으로 제안했고, 결국 베르누이를 포함한 네 명의 수학자가 머리를 맞댄 결과 1년 뒤에 답을 얻어 낼 수 있었다. 이 곡선 모양은 오늘날 현수선(catenary, 혹은 catenaria)이라고 불린다. 최근에는 이런 모양을 한 다리들이 많이 건설되는데, 이런 다리를 현수교라고 부른다.

▼ 쇠줄이나 로프가 양 끝에 묶여 늘어뜨려진 모습은 포물선처럼 보이지만, 사실은 포물선과는 조금 다른 특성을 갖고 있다.

# 2

# 피타고라스 정리와 황금비율

천문학자 요하네스 케플러는 기하학에는 두 개의 보물이
있다고 주장했다. 하나는 피타고라스 정리이고 다른 하나는
황금비율이다. 그는 "피타고라스 정리는 금 덩어리와 같고,
황금비율은 진귀한 보석과 같다"고 했다.
이 장에서는 이 두 개의 보물에 대해서 알아보자.

# 기하학의 안정성

벽돌, 유리창, 가로등의 기둥 등 우리 주변의 사물들을 보면 수평과 수직으로 이루어진 것들이 많다. 그래서 사각형이 기하학의 가장 기본적인 형태라고 생각하기가 쉽다. 하지만 사실은 삼각형이야말로 기하학을 비롯한 많은 구조물의 기본이다.

## 삼각형의 힘

모든 도형 가운데 각각의 모서리에서 힘을 받을 때 변형이 일어나지 않는 유일한 도형이 바로 삼각형이다. 이것을 알아보려면 빨대를 가지고 해 보면 된다. 빨대 세 개로 삼각형을 만든 뒤(빨대 구멍으로 가는 줄이나 실을 넣어 연결하면 된다) 어느 모서리에서 힘을 주더라도 모양이 변하지 않는 것을 확인할 수 있다. 반면 빨대 네 개로 정사각형을 만든 뒤 모서리에 힘을 가하면 모양이 바뀌어 마름모꼴이 되는 것을 알 수 있다(정사각형은 마름모꼴 가운데 특수한 경우로, 마름모 가운데 네 각이 직각인 경우다). 이처럼 일반적으로 사각형을 안정된 형태로 만들 수 있는 유일한 방법은 변을 비스듬하게 해서 평행사변형으로 바꾸는 것이다. 이것은 마름모를 포함한 평행사변형 형태가 안정된 삼각형 두 개로 이루어져 있기 때문이다.

우리 주변의 건축물들은 대부분 삼각형을 기본 구조로 삼고 있지만 대개는 가려져서 눈에 잘 띄지 않는다. 하지만 고압선 철탑이나 크레인(기중기) 등은 삼각형이 얼마나 안정된 형태인지를 우리 눈으로 확인할 수 있게 해 준다. 이것은 삼각형 구조가 바람과 같은 외부 압력에도 잘 견디기 때문이다.

## 닮음과 합동

아래 그림에 나타난 두 삼각형은 '같은가?' 이 질문에 답하려면 '같다'는 것이 기하학적으로 무엇을 의미하는지에 대해 먼저 정의를 내려야 한다. 아래의 두 삼각형은 모두 정삼각형이다. 따라서 삼각형이라는 '형태'의 관점에서 볼 때는 '같다'고 할 수 있다. 하지만 한쪽 삼각형을 다른 삼각형에 겹치면 둘은 서로 일치하지 않을 것이다. 하나가 다른 하나보다 더 크기 때문이다. 따라서 이 경우에 두 삼각형은 일치하지 않는다는 관

▼ 정사각형은 안정된 구조가 아니어서 쉽게 변형된다.

▼ 모든 정삼각형은 수학적으로 서로 닮음의 관계에 있다.

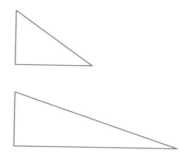

점에서 '같다'고 할 수가 없다. (철학자들은 삼각형이 두 개가 존재한다는 것 자체가 서로 다르다는 것을 뜻하기 때문에 애초에 두 삼각형은 '같은가?'라고 질문하는 것 자체가 난센스라고 말할지도 모른다. 그러나 너무 깊이 들어가는 말자.) 기하학자들은 두 개의 도형이 얼마나 '같은지'를 다루기 위해 '닮음'과 '합동'이라는 개념을 사용한다.

수학적으로 두 도형이 '합동'이 되려면 하나의 도형이 다른 도형에 합쳐졌을 때 빈틈이 없이 딱 일치해야 한다. 합동 관계인 도형은 모양을 뒤집어도 일치해야 하기 때문에, 합동인 도형은 서로 (반사) 거울 대칭이라고 할 수 있다.

반면 수학적으로 '닮음' 관계인 도형은 크기를 일정한 비율로 늘이거나 줄였을 때 서로 '합동'이 되는 도형을 말한다. 마치 모양이 작은 물체에 빛을 비춰서 그 그림자가 다른 물체와 겹치도록 하는 것과 같다(또는 여러분이 손가락 하나를 들어서 한쪽 눈을 감고 멀리 있는 빌딩과 같은 높이가 되도록 조정하는 것과도 같다). 수학에서 '닮았다'는 용어는 일상생활에서 사용하는 말의 뜻보다 훨씬 엄격하다는 점을

▲ 위의 두 삼각형은 모두 직각삼각형이기 때문에 일상적인 관점에서 보면 닮았다고 할 수 있지만, 수학적으로는 '닮음' 관계가 아니다. 크기를 확대하거나 축소해도 서로 겹치지 않기 때문이다.

염두에 두어야 한다. 위의 그림에 나타난 두 삼각형은 직각삼각형이라는 점에서는 닮았다고 할 수 있지만 수학적으로는 닮지가 않았다. 왜냐하면 하나의 삼각형을 아무리 같은 비율로 늘이거나 줄이더라도 다른 삼각형과 일치하도록 할 수 없기 때문이다. 하지만 모든 원은 서로 닮음의 관계에 있고, 모든 정사각형도 서로 닮았다. 이를 일반화하면 모든 정다각형은 서로 닮음 관계에 있다는 것을 알 수 있다.

## 지오데식 돔 GEODESIC DOME

삼각형이 안정된 구조를 형성한다는 사실은 오래전부터 알려져 있었다. 텐트의 구조 같은 것을 보아도 이를 알 수 있다. 스포츠 경기장이나 극장, 전시회장, 온실 같은 건축에 이용되는 지오데식 돔은 삼각형 형태를 서로 연결해 외부의 힘이 골고루 분산되도록 하는 원리를 이용한 것이다. 오늘날에는 컴퓨터의 도움을 받아 복잡한 구조를 가진 건축물을 만드는 데 필요한 삼각형 구조물의 개수를 정확히 계산하고 있다.

기하학의 안정성

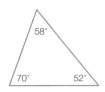

◀ 두 개의 삼각형이 닮음 관계인지를 알아보는 간단한 방법은 각의 크기를 서로 비교해 보는 것이다.

## 삼각형의 닮음 체크하기

이것은 간단하다. 두 삼각형의 각이 모두 같으면 변의 길이에 상관없이 두 삼각형은 서로 닮았다. 또한 삼각형의 세 각의 합은 180°이기 때문에 두 개의 각만 서로 일치한다면 두 삼각형은 닮았다고 확실하게 말할 수 있다. 그 각들이 삼각형의 어디에 위치하는지는 중요하지 않다. 삼각형을 반사 대칭시키거나 회전하면 서로 다른 위치에 있던 각도 같은 위치로 옮겨올 수 있기 때문이다.

## 삼각형의 합동 체크하기

삼각형의 합동을 체크하는 데는 네 가지 방법이 알려져 있다. 세 변의 길이를 대조하는 것(SSS), 두 변과 그사이에 놓인 하나의 각을 대조하는 것(SAS), 두 각과 그 사이에 놓인 하나의 변을 대조하는 것(ASA), 직각과 빗변, 밑변을 대조하는 것(RHS)이다.

SSS 방법

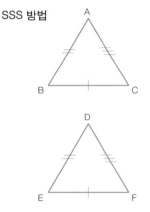

### 예외적인 합동

전통적으로 도형의 합동을 체크하는 것은 단일한 도형에 국한돼 있었다. 여러분도 학교 수업 시간에는 대개 삼각형의 합동에 대해 배웠을 것이다. 그러나 삼각형뿐 아니라 어떤 도형에 대해서도 합동 여부를 체크해 볼 수 있다. 앞으로 살펴보겠지만 세 변의 길이가 같은 두 삼각형은 합동이다. 하지만 이 합동 조건에는 중요한 예외가 있다. 두 개의 삼각형이 맞대어 이루어진 사각형에서는 변의 길이가 모두 같더라도 합동이 아닌 경우가 있다.

두 삼각형의 세 변의 길이를 모두 알고 있고 그들이 모두 같다는 것을 안다면 두 삼각형은 서로 합동이라고 할 수 있다.

## SAS 방법

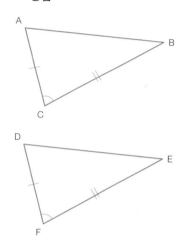

두 삼각형에서 두 변의 길이가 같고 두 변 사이에 있는 각이 동일하다면, 두 삼각형은 합동이다.

## ASA 방법

두 삼각형에서 두 개의 각이 서로 같고 두 각 사이에 있는 변의 길이가 같다면, 두 삼각형은 합동이다.

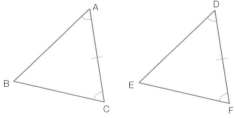

## RHS 방법

두 개의 삼각형이 각각 직각을 가지고 있고, 직각을 마주보는 변인 빗변의 길이가 같고 다른 한 변의 길이도 같다면, 두 삼각형은 합동이어야 한다.

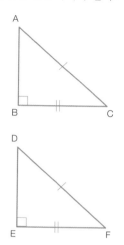

앞으로 자주 보게 되겠지만 합동을 알아보는 이 체크 방법은 기하학의 증명에서 두루 응용되고 있다. 하지만 여기서 꼭 알아두어야 할 점은 합동을 증명할 때 삼각형의 각의 크기나 변의 길이를 실제로 측정해서 알 필요는 없다는 것이다. 논리적인 방법을 통해 두 삼각형이 합동이라는 것을 증명하는 것이 중요하다.

## Exercise 6 삼각형의 외심

### 문제

펠리시티는 정원의 모양을 좀 바꿔 보려고 한다. 정원을 빙 둘러서 원형으로 길을 만들고 싶은 것이다. 현재 정원에는 울창한 참나무가 세 그루 있는데, 이 참나무들이 모두 원 둘레에 놓여 있도록 하고 싶다. 그녀는 과연 그런 원형 길을 만들 수 있을까? 또 그럴 경우 원의 중심은 어디에 두어야 할까? 그녀에게 주어진 작업 도구는 자와 컴퍼스, 그리고 긴 로프밖에 없다.

### 방법

이 문제를 풀기 위해서는 먼저 두 가지를 생각해 봐야 한다. 하나는 주어진 세 점(세 그루의 참나무)이 모두 원 둘레(원주) 위에 놓일 수 있는 원이 존재하느냐는 것이다. 두 번째는 그런 원이 존재한다면 그것을 자와 컴퍼스, 로프만을 가지고 작도할 수 있느냐는 것이다.

첫 번째 문제와 관련해서 만약 세 점이 한 직선 위에 있다면 그 세 점이 모두 원주 위에 놓이는 원은 존재할 수가 없을 것이다. 잠깐만 생각해 보아도 동일 선상에 있는 세 점을 지나는 원을 그릴 수 없다는 것은 너무나 분명해 보인다.

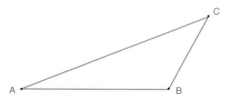

그러나 세 점이 한 직선 위에 있지 않다면 어떻게 될까? 세 점(세 그루의 참나무)을 각각 A, B, C로 표시하고 그것들을 선분으로 연결해 삼각형을 만들어 보자.

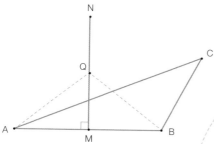

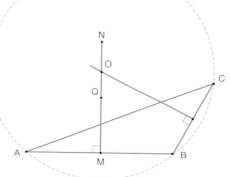

먼저 선분 AB에 초점을 맞추면, 앞에서 배웠듯이 그 선분을 직각으로 이등분하는 선을 작도할 수가 있다. 이 직각이등분선을 선분 MN이라고 하자. 그리고 이 선분 MN 위의 임의의 한 점을 Q라고 하면, 점 A에서 점 Q에 이르는 거리와, 점 B에서 점 Q에 이르는 거리는 같을 것이다. 이것은 위의 그림에서 보듯이 삼각형의 합동 원리를 이용하면 간단히 증명할 수 있다. △AMQ와 △BMQ는 합동이기 때문에 선분 AQ와 선분 BQ의 길이는 같다.

따라서 점 Q를 중심으로 하고, 선분 AQ(= BQ)를 반지름으로 하는 원을 그리면 그 원은 점 A와 점 B를 지나게 된다. 이제 남은 것은 점 C를 어떻게 원주 위에 포함시키느냐는 문제가 된다. 이를 위해서는 선분 BC에 대해서도 선분 AB에 대해서 했던 것과 같은 방식으로 작도를 하면 된다. 즉 선분 BC를 직각 이등분하는 선을 작도한 다음 선분 MN과 교차하는 점을 O라고 하자. 그러면 앞에서와 같이 선분 OB = OC가 된다. 그런데 OB = OA이므로 OA = OB = OC가 된다. 따라서 점 O를 중심으로 하고 OA(= OB = OC)를 반지름으로 하는 원은 점 A와 점 B, 점 C를 모두 지나게 된다.

결국 첫 번째 문제와 관련해, 세 점(세 그루의 참나무)을 모두 지나는 원은 존재한다는 결론이 나온다.

그런데 첫 번째 문제를 푸는 과정에서 그런 원을 작도하는 법도 동시에 해결되었다는 것을 알 수 있다. 따라서 펠리시티는 세 그루의 참나무가 같은 선 위에 존재하지 않는 한, 그 세 그루가 모두 원주 위에 놓이는 원형의 길을 정원 주위에 만들 수 있게 된다. 이 원의 중심을 발견하는 데 사용한 도구는 자와 컴퍼스뿐이었다는 사실을 기억하자. 그렇다면 로프는 어디에 사용될까? 그것은 펠리시티가 원을 그릴 때 필요한 것이다.

**해답**

이런 식으로 만들어진 원을 삼각형의 외접원이라고 부르고, 원의 중심 O는 삼각형의 외심이라고 부른다.

# Exercise 1 삼각형의 내심

> ## 문제
>
> 로버트는 가구 제작자다. 어느 날 한 고객이 윗면이 삼각형으로 된 탁자를 가지고 와서는 삼각형 모양의 윗면을 원의 형태로 바꿔달라는 부탁을 했다. 또한 가능한 가장 큰 원이 되도록 해달라고 했다. 로버트는 자와 컴퍼스만을 이용해서 어떻게 가장 큰 원을 만들어 낼 수 있을까?

## 방법

로버트가 탁자 표면을 잘라내 원으로 만들기는 어렵지 않을 것이다. 하지만 그 원이 가능한 가장 큰 면적을 가졌다고 보장할 수는 없다. 이 문제를 푸는 핵심은 삼각형의 각을 이등분하는 데 있다.

삼각형 모양의 탁자 모서리를 각각 A, B, C라고 하고 우선 각 A를 이등분해 보자. 각을 이등분하는 방법은 우리가 앞에서 이미 배운 바 있다.

그런 다음 그 각의 이등분선 위에 있는 한 점을 Q라고 할 때, 점 Q에서 선분 AB와 선분 AC까지의 거리는 같을까? 직관적으로 보면 같을 듯한데 이를 어떻게 증명할 수 있을까? 점 Q로부터 선분까지의 거리는 Q에서 선분에 직각으로 그은 선의 길이와 같다. 우리는 이 직각으로 내린 선분을 작도할 수 있으며 그 선이 선분 AB와 선분 AC와 만나는 점을 각각 M, N이라고 하자. 또한 선분 AQ와 QM, 선분 AQ와 QN이 이루는 각을 각각 m, n이라고 하자.

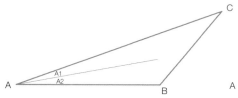

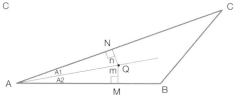

그렇다면 선분 QM과 선분 QN의 길이는 같은가? 이를 알아보기 위해서는 삼각형의 합동 원리를 이용하면 된다. ΔAMQ와 ΔANQ는 각각 직각을 가지고 있고, 각 $m = 180° - 90° - A_2$이고, 각 $n = 180° - 90° - A_1$이다. 여기서 각 $A_1$과 각 $A_2$는 크기가 같으므로 $m = n$이 성립한다. 또한 선분 AQ는 두 삼각형에 공통된 변이므로 ΔAMQ와 ΔANQ는 합동이 된다(삼각형의 합동을 체크하는 방법 중 ASA 방식을 적용했다). 결국 선분 QM = QN이라는 결론이 나온다.

때문에 점 I에서 선분 BC와 선분 AB 사이의 거리는 같다. (이것은 바로 앞에서 살펴본 바와 같다.) 따라서 IF = ID가 성립한다. 그런데 점 I는 각 A의 이등분선 위에도 존재하기 때문에 선분 IE = ID이기도 하다. 따라서 IF = ID = IE, 즉 ID = IF가 된다. 이제 삼각형의 합동 체크 방법인 SAA를 이용하면 ΔCEI와 ΔCFI는 합동인 것을 알 수 있고 결국 각 $C_1 = C_2$도 성립됨을 알 수 있다.

여기서 우리가 얻게 되는 결론은 점 I는 삼각형의 각 변으로부터 같은 거리에

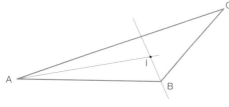

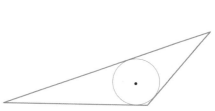

이제는 다시 각 B를 이등분하고, 그 이등분선이 각 A의 이등분선과 만나는 점을 I라고 하자.

직관적으로 보면 점 I와 삼각형의 모서리 C를 잇는 선분은 각 C를 이등분하는 것처럼 보인다. 이를 증명하기 위해 다시 삼각형의 합동 원리를 이용하자. 우선 점 I는 각 B의 이등분선 위에 있기

있다는 사실이다. 따라서 점 I를 중심으로 하고 I에서 각 변에 이르는 거리를 반지름으로 하는 원을 그릴 수 있게 된다. 이 원이 삼각형에서 얻을 수 있는 가장 큰 원이 된다.

**해답**

이런 식으로 작도된 원을 삼각형의 내접원이라고 부르며, 점 I를 삼각형의 내심이라고 한다.

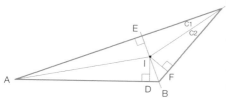

# 오일러의 선

앞에서 나온 두 연습 문제를 통해 우리는 삼각형 안에 존재하는 두 개의 중요한 점, 즉 삼각형의 외심과 내심에 대해 알게 되었다. 삼각형의 외심 O는 삼각형의 세 꼭 짓점이 모두 원주 위에 있도록 하는 원의 중심이며, 삼각형의 내심 I는 삼각형의 세 변에 모두 접하는 원의 중심을 가리킨다. 삼각형의 외심은 아래 왼쪽 그림에서 보 듯이 각 변을 수직 이등분하는 선들이 만나는 점이고, 내심은 삼각형의 세 각을 이 등분하는 선들이 만나는 점이다.

그러나 삼각형이 가지고 있는 '중심'은 외심이나 내심 외에도 여러 가지가 있다. 수학적으로 말하면 수백 개가 존재한다고 할 수 있다. 이 중에서도 아래에 소개할 두 개의 '중심'이 수학적으로 흥미롭다.

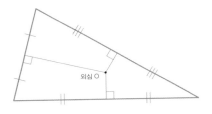

▲ 외심 O는 삼각형의 각 변을 수직이등분하는 선 들이 만나는 점이다.

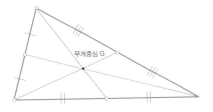

▲ 삼각형의 무게중심 G는 삼각형의 각 변을 이등분하 는 점과 그 변의 맞은 편 꼭짓점을 연결하는 선들이 교 차하는 점이다.

먼저 마분지로 된 삼각형을 실에 꿰어 천장에 매단다고 해 보자. 실을 삼각형의 어디에 꿰어야 삼각형이 수평을 유지할 수 있을까? 혹은 뾰족한 연필심 위에 마분지로 된 삼각형을 올려 떨어지지 않고 균형을 유지하고자 할 때 연필심을 삼각형의 어디에 두어야 가능할까?

이 점은 바로 삼각형의 '무게중심'이며 보통 G로 표시한다(위의 그림을 참고하라). 삼각형의 무게중심은 각각의 꼭짓점에서 맞은 편 변을 이등분하는 점을 연결하는 선들이 만나는 점이다. 그리고 이 선들을 중선median line이라고 부른다.

무게중심 외에 여기서 소개할 또 다른 '중심'은 삼각형의 각 꼭짓점에서 맞은 편 변을 향해 직각으로 선을 그었을 때 생긴다. 이 세 개의 선분은 한 점에서 만나게 되는데, 이것을 '수심(수직으로 내린 선, 즉 수선들이 만나는 점이라는 뜻이다)'이라고 하며 보통 H로 표기한다.

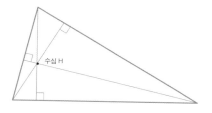

▲ 수심 H는 각 꼭짓점에서 맞은 편 변을 향해 수직으로 내린 선, 즉 수선들이 만나는 점을 말한다.

그런데 외심 O와 무게중심 G, 수심 H는 모두 하나의 선 위에 존재한다는 사실이 밝혀져 있는데, 이 선을 '오일러 선'이라고 한다. 삼각형의 오일러 선은 삼각형의 외심과 무게중심, 수심을 지나는 선인 것이다.

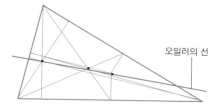

오일러의 선

또한 정삼각형에서는 외심과 무게중심, 수심이 모두 한 점으로 수렴된다. 이렇게 하나로 모인 점을 특별히 정삼각형의 '중심'이라고 부른다.

오일러는 '오일러 선' 외에도 삼각형의 외접원과 내접원 사이의 관계, 삼각형의 각 변을 계속 늘렸을 때 그 선들에 둘러싸이는 원에 대해서도 탐구했다.

# 카를 빌헬름 포이에르바흐
## KARL WILHELM FEUERBACH

독일의 수학자 포이에르바흐(1800~1834)는 1822년에 대단히 놀라운 발견을 했다. 고등학교 교사였던 그는 다음과 같이 임의의 삼각형 안에 존재하는 9개의 점을 조사했다.

- 각 변의 중앙에 위치한 세 점(D, E, F)
- 각 꼭짓점에서 내린 수직선이 맞은 편 변과 만나는 점(J, K, L)
- 수심(H)과 꼭짓점들을 연결하는 세 선의 중간점(M, N, P)

이 9개의 점은 아무런 규칙없이 마음대로 흩어져 있는 것처럼 보인다.

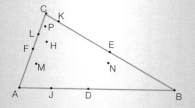

그러나 포이에르바흐는 이 9개의 점이 어떤 원의 둘레(원주) 위에 놓여 있다는 것을 발견했다. 그리고 놀랍게도 이 원의 중심은 오일러 선 위에 있다는 것을 증명했다.

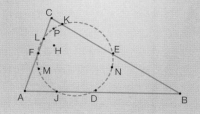

# 무인도에서의 행복

## 문제

세일라는 수영 마니아다. 복권에 당첨된 그녀는 그동안 꿈꿔 오던 것을 실행할 수 있게 되었다. 그녀는 무인도를 하나 구입해서 거기에다 집을 짓고 매일 수영을 하기로 했다. 세일라가 살게 될 섬은 정삼각형에 가까운 모양을 하고 있다. 그녀는 섬을 둘러싸고 있는 세 개의 해변에 매일 한 번씩 수영을 가려고 한다. 해변 한 곳에 수영을 갔다가 집으로 돌아온 뒤 다시 다른 해변으로 수영을 가는 식으로 말이다. 그녀는 수영 시간을 많이 확보하기 위해 해변과 집 사이의 거리를 최소화하려고 한다. 이럴 경우 세일라는 섬의 어느 위치에 집을 지어야 가장 짧은 거리를 지나게 될까?

## 방법

세일라의 상황을 모형으로 나타내 보면, 이 문제는 정삼각형 내부의 한 점에서 각 변에 이르는 거리의 합이 가장 작은 그런 점을 발견하는 문제가 된다. 삼각형 내부의 한 점에서 변에 이르는 거리는 그 변에 수직으로 내린 선(수선이라고 한다)의 길이라고 할 수 있다. 그래서 삼각형 안의 임의의 한 점을 P라고 하면 세일라의 현재 상황은 오른쪽 그림과 같이 나타낼 수 있다.

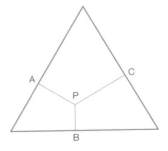

선분 PA와 PB, PC의 길이의 합이 가능한 가장 작게 되는 그런 P의 위치를 찾아야 하는 것이다.

먼저 삼각형의 각 변과 나란하게 평행인 선을 그어 보자. 그러면 이 세 개의 선은 세 개의 정삼각형을 만들게 된다. 또한 P에서 각 변에 내린 수선은 이 세 삼각형의 내부에 속하게 된다.

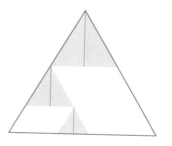

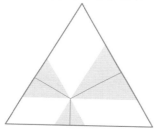

아래 그림에서처럼 세 개의 작은 정삼각형 가운데 오른쪽에 있는 하나를 위쪽으로 밀어 올리자. 그러면 원래의 큰 정삼각형의 위쪽 모서리와 딱 맞아들어가고 아래쪽 삼각형의 한쪽 끝과도 만나게 된다.

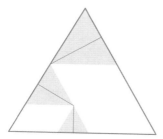

이번에는 아래쪽의 가장 작은 삼각형은 그대로 둔 채 나머지 두 삼각형을 회전시켜서 아래 그림과 같은 형태가 되도록 해 보자. 점 P에서 각 변에 내린 수선들이 모두 같은 방향을 향하게 된 것을 알 수 있다. 따라서 점 P에서 각 변에 내린 수선의 길이의 합은 원래의 큰 정삼각형의 높이와 같다는 것을 알 수 있다.

우리는 점 P가 삼각형 내부의 임의의 한 점이라고 가정했다. 그런데 위의 결과를 보면 P가 삼각형 안의 어디에 있든지 간에 P에서 세 변에 이르는 거리의 합은 항상 삼각형의 높이와 같다는 것을 알 수 있다.

따라서 세일라의 집은 섬의 어디에 짓더라도 상관이 없다는 결론이 나온다. 왜냐하면 세 곳의 해변에서 집까지 거리의 합은 항상 일정하기 때문이다.

## 해답

정삼각형 내부의 임의의 한 점에서 각 변에 내린 수선의 길이의 합은 항상 그 삼각형의 높이와 같다는 것을 '비비아니의 정리'라고 부른다. 1660년경에 이것을 처음 발견한 이탈리아 수학자 빈센초 비비아니Vincenzo Viviani의 이름을 딴 것이다. 그러나 우리가 위에서 본 증명 방식은 2005년 가와사키 켄 이치로라는 일본 수학자가 발표한 것이다. 비비아니 정리는 정삼각형뿐만 아니라 모든 정다각형에 대해서도 성립한다.

# 피타고라스 정리

어떤 수학자가 이런 말을 한 적이 있다. "수학을 어려워하는 사람은 현실 세계는 수학보다 훨씬 더 복잡하다는 사실을 깨닫지 못하는 것이다." 피타고라스 정리는 수학이 복잡한 현실을 얼마나 명료하게 포착하는지를 보여 주는 전형적인 사례다.

크기가 다른 정사각형 A와 B를 경첩으로 연결했다고 해 보자. 그리고 세 번째 정사각형 C의 양 끝을 A와 B의 한쪽 끝과 각각 만나도록 한다. 이때 A와 B는 크기가 고정돼 있고 경첩을 따라 자유롭게 회전하고 움직일 수 있다. 반면 C는 신축성이 있어서 A와 B의 움직임에 따라 크기도 변할 수 있다. 이럴 경우 아래의 첫 번째 그림에서 보듯이 A와 B가 이루는 각의 크기가 크면 C의 면적도 커지고, 반대로 두 번째 그림처럼 각이 아주 작아지면 C의 면적은 A와 B의 면적을 합친 것보다도 더 작아진다.

이처럼 A와 B의 움직임에 따라 C의 면적은 서서히 줄어들거나 서서히 커지는 모습을 보이게 된다. 그런데 이렇게 변화하는 가운데 C의 면적이 A와 B 면적의 합과 똑같이 되는 순간이 생기게 된다. 그때는 바로 정사각형 A와 B가 이루는 각이 직각일 때다.

여기서 정사각형 A와 B, C의 한 변의 길이를 각각 a, b, c라고 하면, C의 면적이 A와 B의 면적을 합친 것과 똑같아지는 순간 직각삼각형이 만들어지면서 a는 밑변, b는 높이, c는 빗변이 된다. 그리고 C의 면적은 $c^2$이고 A와 B의 면적은 각각 $a^2$, $b^2$이므로 $c^2 = a^2 + b^2$이라는 식이 성립하게 된다.

## 피타고라스 정리 증명하기

위에 설명한 사고 실험은 엄밀하게 말해 피타고라스 정리를 증명한 것이라고 할 수는 없다. 물론 그럴 듯해 보이기는 하지만 말이다. 피타고라스 정리를 증명하는 방법은 매우 많지만, 여기서는 가장 흔히 이용되는 두 가지 증명 방식을 소개한다.

## 도해를 이용한 증명

이 방식은 중국에서 나온 것으로 도해만 사용해서 피타고라스 정리를 증명한다. 설명을 읽기 전에 여러분도 다음 두 그림을 보고 어떻게 피타고라스 정리를 증명할 수 있을지 한번 생각해 보라.

여기서 주목할 점은 첫째, 두 정사각형의 면적은 같다는 것, 둘째 각각의 정사각형 안에는 네 개의 직각삼각형이 있다는

각 1

각 2

각 3

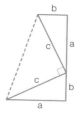
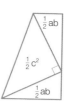

것이다. 그런데 두 정사각형 P와 Q에서 똑같이 네 개의 직각삼각형을 빼면, P에는 두 정사각형이 남고, Q에서는 비스듬히 위치한 정사각형 하나가 남을 것이다. 그리고 똑같이 네 개의 직각삼각형을 제외했기 때문에 P에 남은 면적과 Q에 남은 면적은 같게 된다. 그런데 그림에서 보듯이 크기가 다른 이 세 개 정사각형의 각 변은 직각삼각형의 밑변과 높이, 빗변에 해당하는 것을 알 수 있다. 따라서 Q의 정사각형의 면적은 직각삼각형의 빗변의 제곱이고, P의 두 개의 정사각형 면적은 각각 직각삼각형 밑변의 제곱과 높이의 제곱이므로 피타고라스 정리가 성립한다.

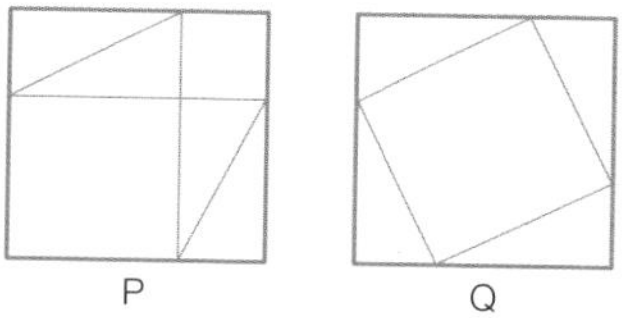

P          Q

## 가필드의 증명 방식

도해가 아니라 대수적인 방식으로 증명하기를 원하는 이들은 미국의 20대 대통령이기도 했던 가필드의 방식이 마음에 들 것이다.

가필드는 서로 합동인 두 개의 직각삼각형을 가지고 시작한다. 위의 그림에서 보듯이 두 삼각형을 한 점에서 만나게 해 두 변이 직선이 되도록 한다. 그렇게 되면 두 삼각형이 이루는 각은 직각이 될 것이다(삼각형의 세 각의 합은 180°라는 사실을 이용하면 직각이 나온다는 것을 알 수 있다. → pp.44~45). 그런 다음 왼쪽 그림의 점선처럼 두 삼각형의 양끝을 이으면 사다리꼴 모양의 도형이 만들어진다. 또한 이 사다리꼴은 직각삼각형 세 개가 모인 것이라는 것을 알 수 있다. 즉 사다리꼴 면적은 직각삼각형 세 개의 면적을 합친 것이다.

사다리꼴의 면적을 구하는 공식은 밑변과 윗변의 평균에 높이를 곱하는 것이다. 그림을 보면 밑변과 윗변의 평균은 $\frac{(a+b)}{2}$이고, 높이는 $a+b$다. 따라서 사다리꼴의 면적은 $\frac{(a+b)}{2} \times (a+b)$다. 이것이 세 개의 직각삼각형 면적의 합과 같으므로 다음과 같은 식이 성립한다.

$\frac{1}{2}ab + \frac{1}{2}ab + \frac{1}{2}c^2 = \frac{1}{2}(a+b) \times (a+b)$
양변을 정리하면 $ab + \frac{1}{2}c^2 = \frac{1}{2}(a^2 + 2ab + b^2)$
양변에 2를 곱하면 $2ab + c^2 = a^2 + 2ab + b^2$
양변에서 $2ab$를 빼면 $c^2 = a^2 + b^2$이 되어 피타고라스 정리가 증명되는 것이다.

# 피타고라스 PYTHAGORAS

우리는 피타고라스 정리에 대해 많이 들어서 잘 알고 있다. 직각삼각형에서 빗변의 길이의 제곱은 나머지 두 변의 길이의 제곱을 합친 것과 같다는 것이다. 이 정리는 이미 우리 문화의 일부가 되었다고 할 수 있다. 그래서 〈오즈의 마법사〉의 허수아비도, 〈심슨 가족〉의 호머도 이 정리를 거론할 정도다. 한마디로 피타고라스는 우리 정신의 일부라고 할 수 있다.

피타고라스는 BC 5세기경에 살았던 그리스의 철학자이자 수학자, 신비주의자다. 그는 규율이 엄격하고 은밀하게 움직이는 일군의 집단을 거느린 카리스마 넘치는 지도자이기도 했다. 피타고라스는 수에는 신비하고 마법적인 힘이 있다고 믿었다. 그래서 수에 대해 명상을 하게 되면 황홀경에 이르게 된다고 주장했다.

피타고라스는 하나의 저작도 남기지 않았는데, 그 까닭은 자신들의 비밀스러운 계율에 따라 글을 쓰지 않고 오직 말로만 가르침을 전했기 때문인 것으로 알려졌다. 오늘날 우리가 피타고라스에 관해서 알 수 있게 된 것은 그가 죽고 수백 년이 지난 뒤 키케로를 비롯한 후대 사상가들이 그의 사상을

▲ 피타고라스 사상의 핵심은 "이 세계에서 영원불멸하는 것은 이성뿐이다. 그밖의 모든 것은 반드시 소멸한다"라는 그의 주장에서 잘 알 수 있다.

기록으로 남겨 놓았기 때문이다.

피타고라스는 에게해의 사모스섬에서 BC 570년경에 태어나 75세에서 80세 무렵에 세상을 떠난 것으로 추정된다. 그는 이집트와 바빌론은 물론 인도에 이르기까지 여행을 즐겨 떠났는데, 이 과정에서 수학과 철학, 신비주의를 연구했다. 그는 말년에 그리스의 식민지였던 크로톤섬에 정착해 자신의 종교적, 철학적 사상을 전파하는 한편 금욕적인 삶을 추구했다. 그는 윤회를 믿었으며, 영혼은 완전히 순수해질 때까지 동물과 인간, 식물을 돌며 계속해서 환생하게 된다고 주장했다.

그는 추종자들과 함께 배타적인 공동체를 형성해 비밀스러운 계율을 실천했다. 이 공동체는 일종의 학술 기관의 역할도 했는데, 여기에는 여성도 가입이 허용되었고 모든 재산을 공유했다. 구성원들은 형제애를 서약하고 단단하게 결합되어 있었다. 이들은 '제자 learner'와 '학생 listener'으로 서열이 나누어졌다. 제자들에게는 피타고라스의 사상에 세부적으로 접근할 수 있는 자격이 주어졌던 반면 학생들은 요약된 사상만을 접할 수 있었다(화가 라파엘이 16세기에 그린 〈아테네 학당〉은 이와 같은 공동체에 대해 상상한 것을 화폭으로 옮긴 것이라고 할 수 있다).

피타고라스의 공동체는 워낙 배타적이

PITAGORA

었던 까닭에 시간이 흐르면서 크로톤섬 사람들로부터 시기와 질투를 받게 되었고 결국 그는 섬을 떠나야만 했다. 메타폰티온으로 옮긴 그는 거기서 생을 마쳤다.

피타고라스는 플라톤을 비롯한 후대 수학자와 철학자들에게도 많은 영감을 불어넣었다. 이들에게 미친 영향은 크게 세 가지로 나눠 볼 수 있다. 첫째로 피타고라스가 주도했던 공동체의 모습은 플라톤이 구상했던 '공화국'의 기초가 되었다. 둘째로 피타고라스 이후 수학이 철학과 과학의 논리적 토대로 자리잡게 되었다. 마지막으로 영혼이 사상가들에게 중요한 문제로 떠올랐다.

◀ 피타고라스가 음의 조율법을 발견한 것을 묘사한 15세기의 그림.

### ● 피타고라스 조율법

피타고라스와 관련해 이런 이야기가 전해온다. 어느 날 대장간 곁을 지나던 피타고라스는 대장장이가 망치를 모루에 내리치는 소리에서 아름다운 화음을 느꼈다. 그래서 좀 더 자세히 들어보았더니 내리치는 망치의 무게에 따라 소리에 차이가 나는 것을 알게 되었다. 다시 말해 망치의 무게 비율이 2 대 1인 경우 한 옥타브, 무게 비가 3 대 2인 경우에는 완전 5도 차이의 소리가 났다. 또 4 대 3인 경우에는 완전 4도 차이가 났다. 피타고라스는 이를 토대로 음정을 조율하는 피타고라스 조율법을 만들었다고 전해진다.

### 바우다야나BAUDHAYANA 정리?

바우다야나는 피타고라스보다 거의 3세기 앞서 살았던 고대 인도의 수학자이자 승려다. 그는 BC 800년경에 《술바수트라스Sulba Sutras》를 썼는데, 이 책은 성전의 제단을 건축하는 방법을 정리해 놓은 것이다. 당시 베다인들의 종교적인 규칙과 관례는 매우 복잡하고 까다로워서 제단을 세울 때도 정해진 모양과 크기, 면적, 방향을 따라야 했다. 바우다야나는 이 책에서 제단을 세울 때 면적을 그대로 유지하면서도 어떤 하나의 기하학적 모양에서 다른 모양으로 바꾸는 방식에 대해 기록했다. 이 과정에서 그는 피타고라스 정리와 거의 같은 내용을 소개하고 있다. "대각선 방향으로 놓인 밧줄(새끼)이 만드는 면적은 그 밧줄의 수직 방향과 수평 방향이 만드는 면적을 합친 것과 같다." 이 문장으로 보건대 '피타고라스 정리'는 '바우다야나 정리'라고 고쳐 불러야 마땅할 것이다.

> "현의 떨림 속에는 기하학이 있고,
> 천체들 사이의 공간에는
> 음악이 있다." — 피타고라스

# 수와 기하학

피타고라스 정리는 기하학에 기초를 두고 있지만, 그 정리가 가장 크게 영향을 미친 것은 수의 세계였다. 당시에는 정사각형의 대각선 길이를 재는 문제가 오래된 숙제였다. 바빌로니아인들은 이것을 소수점 여섯 자리까지 계산했으나 피타고라스는 그 값이 근사치에 불과하다는 점을 알고 있었다. 하지만 정확한 길이는 아무도 발견하지 못했다. 그렇다면 과연 그 대각선의 길이를 나타내는 수가 존재하기는 하는 것일까? 피타고라스는 그런 수가 존재한다고 믿었다. 하지만 그 수는 분수로는 표시할 수 없었다.

## 자연수

초기 인류가 숫자를 셀 수 있었다는 사실을 보여 주는 최초의 증거는 이샹고 뼈에서 나타나는데 이것은 지금으로부터 2만 년 전의 일이다. '이샹고 뼈'는 뼈의 길이를 따라 금을 새겨 놓은 것인데, 어떤 대상의 개수를 나타내기 위해서였을 것이다. 어떤 과학자들은 금이 새겨져 있는 모양으로 볼 때 그것을 새긴 사람은 계산을 하는 능력이 있었다는 것을 알 수 있다고 주장하기도 한다.

이샹고 뼈의 용도가 무엇이었든 간에 어떤 대상의 개수를 하나의 수학적 대상(눈금 표시)으로 나타낸다는 것은 수를 세기 위한 기초가 된다. 우리는 어릴 때 물건(대상)을 가리키면서 하나, 둘, 셋… 혹은 1, 2, 3…하는 식으로 숫자의 이름을 말하면서 수를 배우게 된다. 그런 숫자의 학습은 아주 '자연스러운' 것으로 여겨지며 따라서 수학자들은 1, 2, 3…과 같이 이어지는 수를 '자연수natural number'라고 부른다. 수학자들은 시간이 흐르면서 이 자연수를 좀 더 넓은 범위로 확장하게 된다. 먼저 자연에는 존재하지 않는 수, 즉 0을 만들어 냈으며 그 결과 0, 1, 2, 3…으로 이루어진 수 체계가 형성되었다. 이것은 다시 '음수'를 포함하게 되는데, 음수와 0, 양수를 모두 포함하는 수 체계를 '정수integer'라고 부른다.

정수 가운데 '양의 정수'는 콩이나 자갈 등을 셀 때 적용할 수 있다. 그렇다면 음의 정수는 어디에 사용되는 것일까? 일상생활에서는 음의 정수를 표현하기가 쉽지 않다. 그러나 직선을 따라 표시하면 아주 효과적으로 음의 정수뿐 아니라 0과 양의 정수도 한눈에 알아볼 수 있다. 수직선을 사용한 이 표현 방식은 기하학과 대수학에도 매우 유용하다.

수학자들은 정수 체계만 가지고서도 오랫동안 많은 계산을 해낼 수 있었다. $3 \times 4$, $53 + 7$, $7 - 53$과 같은 계산의 결과들은 모두 정수로 나타낼 수 있다. 그런데, $12 \div 4$의 계산 결과는 3으로 정수에

속하지만, 4÷12의 결과는 정수 값이 아니다. 그래서 수학자들은 정수로 나타낼 수 없는 값을 표시하기 위해 분수를 도입하게 되었다(4÷12의 계산 값은 $\frac{4}{12}$, 즉 $\frac{1}{3}$이다). 분수, 즉 유리수rational number도 수직선 위에 표시할 수 있다.

수직선에서 보면 이웃한 정수 사이에는 많은 공간이 있지만 — 예컨대 1과 2 사이에는 아무런 정수가 없다 — 유리수는 아주 촘촘하게 놓여 있다. 워낙 촘촘하게 들어 차 있어서 유리수 사이에는 빈 공간이 전혀 없는 것처럼 보인다. 여러분이 이웃하고 있다고 생각되는 두 유리수를 골라 보라. 그러면 그 둘 사이에 들어가는 또 다른 유리수를 반드시 찾게 될 것이다. 예를 들어 $\frac{143}{560}$ 과 $\frac{144}{560}$ 를 골랐다고 해 보자. 그 둘은 아주 가깝게 이웃하고 있지만 $\frac{143.5}{560}$ 는 그 둘 사이에 들어

갈 수가 있다. ($\frac{143.5}{560}$ 에서 분자가 소수로 표시되어 꺼림칙하다면 분자와 분모에 2를 곱해서 $\frac{287}{1120}$ 로 나타낼 수도 있다.) 이처럼 아무리 가까운 두 유리수를 고르더라도 그 둘 사이에 들어가는 또 다른 수를 반드시 찾아낼 수 있고, 이것은 무한히 계속될 수 있을 것처럼 보인다.

그런데 정말 '무한'에 이르면 어떻게 될까? 더 이상 수가 들어갈 여지가 없을 정도로 수직선이 꼭 차지 않겠는가. 논리적으로 따져 보면 그래야 할 것 같다. 하지만 피타고라스가 등장하면서 그런 논리에 금이 가게 되었다. 이 이야기는 다음 페이지에서 알아보기로 하자.

▼ 피타고라스는 삼각수 10을 만드는 네 개의 각 행은 만물을 이루는 4원소(흙, 불, 물, 공기)를 상징할 뿐만 아니라 우주가 이루어진 모양을 나타낸다.

## 삼각수 TRIANGULAR NUMBERS

피타고라스는 수가 가진 마법의 힘에 대한 한 예로 삼각수에 주목했다. 삼각수란 어떤 물건이나 점을 삼각형 모양으로 배치했을 때 그 삼각형을 만들기 위해 사용된 물건(점)의 총합이 되는 수를 말한다. 예를 들어 첫째 줄에 점을 하나 놓고, 둘째 줄에 점을 두 개 놓아 삼각형을 만들면 사용된 점의 총 개수는 세 개이므로 삼각수는 3이 된다. 여기에 셋째 줄에 세 개를 더 놓아 삼각형을 만들면 모두 여섯 개의 점이 사용되었으므로 삼각수는 6이고, 다시 넷째 줄에 네 개를 더 놓은 경우에는 10이 된다. 이런 식으로 삼각수는 1, 3, 6, 10, 15, 21, 28…의 수열을 보인다. 피타고라스는 특히 1+2+3+4(=10)로 이루어지는 삼각수 10을 높이 쳤다. 그는 1에서 10까지의 숫자에 신비한 힘이 있다고 믿었는데, 삼각수 10은 1부터 10까지의 수가 차례로 나열된 형태이기 때문이었다. 그래서 특히 10을 '완전수perfect number'라고 불렀다.

# 무리수의 발견

고대 수학자들은 피타고라스와 그의 제자 히파수스Hippasus가 등장하기 전까지는 유리수만으로 수직선을 다 채울 수 있다는 사실에 안도하고 있었다. 이런 이야기가 전해 온다. 어느 날 히파수스는 피타고라스의 다른 제자들과 함께 한가롭게 뱃놀이를 하고 있었다. 그러다 불현듯 밑변과 높이가 1인 직각삼각형에서 빗변의 길이는 얼마나 될까라는 궁금증이 강하게 일었다. 그는 곰곰이 생각한 끝에 빗변의 길이를 나타내는 수는 반드시 존재하지만 분수로는 나타낼 수 없다는 사실을 깨달았다고 한다.

## 빗변의 길이 구하기

우리는 자와 컴퍼스만을 가지고 다음과 같은 직각삼각형을 작도할 수 있다(→ pp.22~23).

피타고라스 정리에 따라 빗변의 제곱 $= 1^2 + 1^2 = 2$가 된다. 따라서 빗변의 길이는 $\sqrt{2}$다. $\sqrt{2}$는 삼각형의 한 변의 길이이기 때문에 이런 수가 존재해야 한다

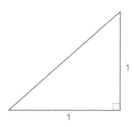

는 점은 분명하다. 히파수스가 어리둥절했던 까닭은 $\sqrt{2}$를 유리수, 즉 분수로는 어떻게 나타내야 할지 몰랐기 때문이었다. 그러나 이 수를 분수로 표시하려고 집착하는 한 해법을 찾을 수는 없었다. 왜 그런지를 알아보자.

먼저 $\sqrt{2}$를 분수로 표시할 수 있다고 가정해 보자. 그리고 그 분수를 $\frac{a}{b}$라고 표시하자. 모든 분수는 기약분수(1 이외

에는 공통 인수를 갖지 않는 분수)로 나타낼 수 있기 때문에 $\frac{a}{b}$도 기약분수라고 하면 a와 b는 공통 인수를 갖지 않는다. 따라서

$$\sqrt{2} = \frac{a}{b}$$

로 놓은 다음 양변을 제곱하면,

$$2 = \frac{a^2}{b^2}$$

이 된다. 여기서 양변을 $b^2$으로 곱하면,

$$2b^2 = a^2$$

이 된다. 이 식이 의미하는 바는 $a^2$이 짝수라는 것이다($a^2 = 2b^2$이기 때문에 어떤 수에 2를 곱하면 항상 짝수가 된다). 그런데 홀수를 제곱해서 짝수가 나오는 경우는 절대 없기 때문에 a는 짝수가 되어야 한다. 따라서 우리는 a를 2c로 나타낼 수 있다.

원래 식에서 a 대신에 2c를 대입하면,

$$2b^2 = (2c)^2$$
$$2b^2 = 4c^2$$

이 된다. 양변을 2로 나누면

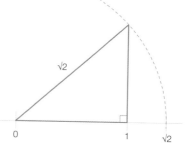

$$b^2 = 2c^2$$

이다. 다시 앞에서 얘기한 논리를 적용하면 $b^2$은 짝수이고, 그래서 b 역시 짝수여야 한다. 그런데 앞에서 a도 짝수여야 한다고 나왔기 때문에 결국 a와 b 모두 짝수라는 결론이 된다. 이것은 a와 b가 2를 공통된 인수로 가지고 있다는 말이된다. 하지만 우리는 $\frac{a}{b}$ 는 기약분수이고, a와 b는 공통 인수가 없다고 가정했기 때문에 모순이 생겨 버렸다. 이것은 √2를 분수로 나타낼 수 있다는 애초의 가정이 잘못된 것이라는 말이고, 결국 √2는 분수로 나타낼 수 없다는 결론을 내릴 수 있다(이 방식은 모순을 통해 증명하는 귀류법의 전형적인 한 예다).

√2를 분수로 나타낼 수는 없지만, 수직선 위에서는 반드시 자기 위치가 있어야 한다. 이 위치는 자와 컴퍼스를 이용해서 찾을 수 있다. 먼저 수직선을 그린 다음 직각삼각형의 밑변 양끝이 0과 1에 오도록 하자. 이어 컴퍼스의 한끝을 0에 놓고 직각삼각형의 빗변을 반지름으로 하는 원을 그려 보자. 그러면 이 원과 수직선이 만나는 점이 √2가 수직선에서 차지하는 위치가 된다.

이것은 수직선이 유리수만으로 꽉 차 있다는 종전의 믿음과는 달리 적어도 √2라는 수가 들어갈 빈자리는 있다는 말이된다. 문제는 √2와 같은 분수로 나타낼 수 없는 수가 무한히 많다는 사실이 드러났던 것이다. 이렇게 되자 유리수만으로

꽉 차 있을 것 같았던 수직선은 빈 구멍이 무한히 많은 망사조끼 같은 것이 돼 버렸다. 수학자들은 √2처럼 분수로 나타낼 수 없는 이 새로운 숫자들을 무리수 irrational number라고 불렀다.

히파수스의 끈질긴 추적 덕분에 수학자들은 더 넓은 수의 세계를 갖추게 되었다. 무리수의 발견이 없었다면 근대 수학은 존재하지 못했을 것이다. 그렇다면 이 뛰어난 발견을 한 히파수스는 그 뒤 어떤 보상을 받았을까? 놀라지 마시라. 피타고라스의 제자들은 자기네 공동체의 비밀을 누설했다는 죄를 씌워 히파수스를 뱃머리에서 밀어 버렸고 결국 그는 익사했다고 한다. 물론 어디까지나 전해지는 이야기일 뿐이다.

# 9 종이의 비율을 구하기

## 문제

마이크는 종이를 아끼기 위해 한 장의 종이를 둘로 나누어 쓰기로 했다. 또한 계속해서 종이를 둘로 나누어 갈 때 나뉜 종이가 원래 종이와 변의 비율이 같도록 하고 싶다. 즉 닮은꼴이 되도록 하고 싶다. 이렇게 되려면 마이크는 가로, 세로가 어떤 비율를 가진 종이를 준비해야 할까?

## 방법

마이크는 종이를 둘로 접어 나누었을 때 나뉜 종이의 가로, 세로 비율이 원래 종이와 같게 되기를 원한다. 따라서 이렇게 되려면 잘려진 종이를 90°로 회전했을 때 원래 종이와 닮은꼴을 이루어야 한다.

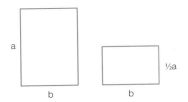

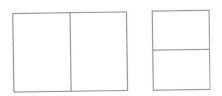

다시 말하면 잘려진 종이의 가로 대 세로 비율은 원래 종이의 세로 대 가로 비율과 같아야 한다.

즉 다음 그림에서 볼 때 두 종이의 변의 비율이 같아야 한다. 따라서 이를 식으로 표시하면 다음과 같다.

$$\frac{b}{a} = \frac{\frac{1}{2}a}{b}$$

(식을 정리하기 위해 양변에 먼저 b를 곱한다.)

$$\frac{b^2}{a} = \frac{1}{2}a$$

(다시 양변에 a를 곱한다.)

$$b^2 = \frac{1}{2}a^2$$

(다시 양변에 2를 곱한다.)

$$2b^2 = a^2$$

(제곱근을 사용해서 식을 풀면 다음과 같다.)

$$\sqrt{2}b = a$$

이 말은 원래 종이에서 긴 쪽의 변의 길이는 짧은 쪽 변의 길이보다 √2배만큼 길어야 한다는 뜻이다. 원래 종이가 이런 비율을 갖추게 되면 마이크는 아무리 반으로 접어 나가더라도 항상 원래 종이와 닮은꼴을 가진 종이를 얻을 수 있게 된다.

사실 우리가 일상적으로 용지의 크기를 말할 때 사용하는 A0, A1, A2, A3, A4 등은 바로 이 비율을 채택한 것이다.

A0 용지는 종이 면적이 $1m^2$, 즉 $10,000cm^2$이다. 따라서 A0 용지의 한 변을 a라고 하면 다른 한 변의 길이는 $\sqrt{2}a$이므로 다음과 같은 식이 성립한다.

$$a \times \sqrt{2}a = 10,000 \text{(cm 단위로 통일)}$$
$$\text{즉, } \sqrt{2}a^2 = 10,000$$
$$a^2 = \frac{10000}{\sqrt{2}}$$

이 값을 계산하면 a는 약 84cm, 다른 한 변의 길이는 119cm가 된다(보다 정확하게 하기 위해 mm 단위로 표시하면 짧은 변의 길이는 841mm, 긴 변의 길이는 1189mm다). A1, A2, A3 등 다른 용지들의 크기는 이 A0 의 크기로부터 다시 구할 수 있다. 예컨대 A1은 A0를 둘로 나눈 것이므로 A1의 높이는 A0의 폭과 같고, A1의 폭의 길이는 A0의 높이의 절반이다. 이런 식으로 A2, A3 등의 길이도 계산해 낼 수 있다.

## 해답

두 변의 비율이 1: $\sqrt{2}$를 가진 종이라면 아무리 여러 번 둘로 나눠 가더라도 항상 이 비율을 유지하게 된다. 항상 닮은꼴을 유지하게 된다는 말이다. 용지의 비율을 이런 식으로 정하면 낭비가 적다는 것을 처음으로 제시한 인물은 1786년 독일 괴팅겐대학의 물리학 교수 게오르크 크리스토프 리히텐베르크Georg Christoph Lichtenberg였다.

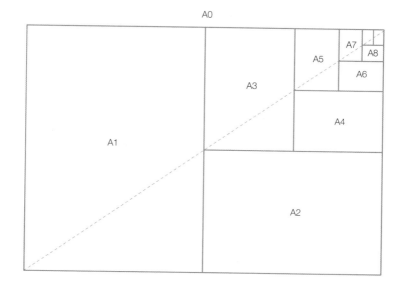

A0

# 황금비율 GOLDEN RATIO

아래 그림의 사각형들을 보라. 이들 중 다른 사각형보다 특별히 더 아름다워 보이는 것이 있는가? 어떤 이들은 그런 사각형이 있다고 믿는다. 예술 작품과 건축물에 가장 많이 사용되는 '황금' 사각형이 있다는 것이다. 수학자들은 그런 '완벽한' 사각형에 대한 비밀을 알고 있다.

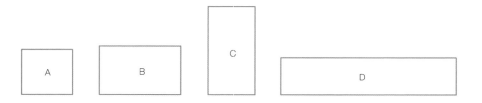

우리는 앞(연습 문제 9)에서 종이를 반으로 잘랐을 때 잘려진 종이와 원래 종이의 비율이 변하지 않는 사각형에 대해서 알아보았다. 여기서는 이것을 좀 더 다른 각도에서 들여다보자.

다음과 같은 조건을 만족하려면 사각형의 변의 비율이 어떻게 되어야 하는지를 알아보자. 그 조건이란 아래 그림에서와 같이 사각형의 왼쪽에서 정사각형을 잘랐을 때 남는 사각형의 모양이 원래 사각형과 닮은꼴을 유지해야 한다는 것이다.

여기서 우리가 필요한 것은 두 사각형의 변의 비율이지 실제 길이는 아니다. 따라서 아래 그림에서 원래 사각형의 작은 변의 길이를 1이라고 하자. 그리고 큰 변의 길이는 모르기 때문에 $x$라고 하자.

그러면 사각형의 왼쪽에서 정사각형을 잘랐을 때 남는 작은 사각형은 가로가 1, 세로는 $x - 1$이 된다. 이 두 사각형의 변의 비율이 같아야 하기 때문에 다음과 같이 비율식을 쓸 수 있다.

$$\frac{1}{x} = \frac{(x - 1)}{1}$$

양변에 $x$를 곱해서 식을 정리하면 다음과 같다.

$$1 = x^2 - x$$
$$즉, x^2 = x + 1$$

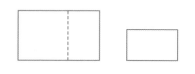

◀ 사각형의 왼쪽에서 정사각형을 잘라냈을 때 잘라내고 남은 사각형이 원래 사각형과 닮은꼴이 되도록 한다. 즉 원래 사각형을 일정한 비율로 축소하면 작은 사각형이 되고, 반대로 작은 사각형을 일정하게 확대하면 원래 사각형이 되어야 한다.

이 식을 만족하는 $x$의 값은 약 1.618 이다(실제로 계산기를 두드려 보면 확인할 수 있다. 1.618을 제곱하면 1.618에 1을 더한 약 2.618의 값이 나온다).

이 값을 '황금비율(황금비)'이라고 부른다. 황금비율이라는 말은 이탈리아의 수학자 루카 파치올리Luca Pacioli가 1509 년에 처음으로 사용했다. 케플러는 파치 올리의 책에서 황금비율의 이야기를 접한 뒤 '황금사각형'(앞에 든 경우처럼 두 변의 비율이 황금비율로 이루어진 사각형)이야말로 '진귀한 보석'과 같다고 했다. 사각형의 한쪽에서 정사각형을 잘라냈을 때 남은 사각형이 원래 사각형과 닮은꼴을 유지 하는 것은 변의 비율이 황금비율인 경우 밖에 없다.

황금비율은 사각형뿐만 아니라 선분 위에서도 찾을 수 있다. 선분 위에 한 점 이 있어 선분을 둘로 나누고 있다고 하자.

이때 선분 전체 길이에 대한 긴 쪽의 길이 비율($\frac{b}{a+b}$)과, 긴 쪽의 길이에 대한 짧은 쪽의 길이에 대한 비율($\frac{a}{b}$)이 같아지는 점 이 바로 황금비율이 되는 점이다(위 그림 참조).

황금비율은 매우 중요한 값이기 때문 에 별도의 기호가 주어져 있는데, $\Phi$(그리 스어로 '파이'라고 읽는다)로 나타낸다. $\Phi$는 수학적으로 다음과 같이 표현할 수 있다.

$$\Phi = \frac{(1+\sqrt{5})}{2}$$

▶ 황금비율은 아름다운 모양을 한 조개껍질에서처럼 자연 에서도 흔히 찾아볼 수 있다.

## 파르테논 신전

황금비율에 매료된 파치올리와 케플러 는 이것을 수학자들에게 널리 알리기 위 해 우리 주변에는 황금비율을 구현하고 있는 것들이 매우 많다고 주장했다. 그 가운데 하나가 아테네에 있는 파르테논 신전이었다. 파르테논 신전이 황금사각 형에 기초해 세워졌다는 것이었다. 하지 만 실제로 파르테논 신전의 가로, 세로 비율을 재본 결과 황금비율인 1.6180이 아니라 1.74에 가까운 것으로 드러났다.

그렇지만 황금비율은 조개껍질에서 부터 인간의 귀에 이르기까지 자연에서 도 자주 발견된다. 이들은 대개 나선형 구조를 갖고 있는데, 나선형이 황금비율 을 가지게 되면 표면적은 최소화하면서 도 부피를 최대로 유지하는 데 가장 효 과적이기 때문이다.

# 황금사각형과 황금삼각형 작도하기

## 문제

레오나르도는 황금사각형이 아름답다는 이야기를 듣고 캔버스에 직접 그것을 그려 보고 싶었다. 그는 또 황금비율을 가진 삼각형도 멋져 보일 거라라고 생각하고, 황금사각형 안에 황금삼각형도 그려 보기로 했다. 레오나르도가 자와 컴퍼스만을 이용해 이들을 작도하려면 어떻게 해야 할까?

## 방법

황금비율을 가진 사각형을 그리려면 다음과 같은 순서를 따라야 한다(그림 참조).

• 먼저 정사각형을 그린다.
• 정사각형의 한 변의 중점에서 반대편 꼭짓점을 향해 선을 긋는다.
• 이 선을 반지름으로 삼고, 정사각형의 두 꼭짓점을 지나는 원을 그린다.
• 정사각형을 좀 더 확대해서 직사각형이 되게 한다. 이때 직사각형의 윗변은 원에 접하도록 한다.
• 이렇게 얻어진 확대된 직사각형이 황금비율을 가진 사각형, 즉 황금사각형이다.

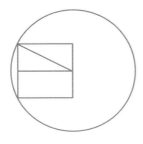
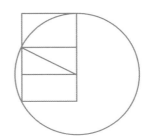

이제 황금비율을 가진 삼각형을 그려 보자. 두 변의 비율이 황금비율인 삼각형을 '케플러의 삼각형'이라고 부른다. 이것은 다음과 같은 순서로 그릴 수 있다.

• 앞에서 구한 황금사각형의 긴 변을 반지름으로 삼는다.
• 그 변을 반지름으로 하는 원을 그린 다. 이것은 앞의 원보다 더 큰 원이다.
• 황금사각형의 꼭짓점(큰 원의 중심)에서 큰 원의 원호를 향해 선을 긋는다.

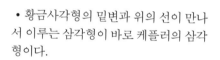

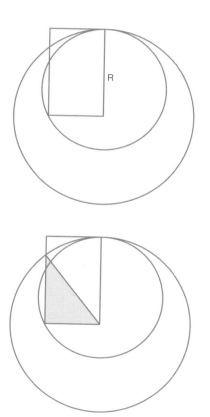

• 황금사각형의 밑변과 위의 선이 만나서 이루는 삼각형이 바로 케플러의 삼각형이다.

## 해답

케플러의 삼각형은 기하학에서 가장 핵심적인 두 가지 개념을 포함하고 있다. 바로 피타고라스 정리와 황금비율이다. 왜냐하면 황금비율을 가진 케플러 삼각형은 직각삼각형이기 때문이다. 학자들 중에는 이집트 가자에 있는 대피라미드가 케플러의 삼각형에 기초해서 세워졌다고 주장하는 이들도 있다.

# 로그 나선(등각 나선) 그리기

## 문제

펠리시티는 앵무조개nautilus 껍질을 반으로 잘랐을 때 나타나는 나선형 무늬에 홀딱 반해 버렸다. 그래서 자기 집 정원도 앵무조개 껍질 모양의 나선형으로 길을 내서 꾸미고 싶어졌다. 이런 모양으로 설계를 하려면 어떤 식으로 접근해야 할까?

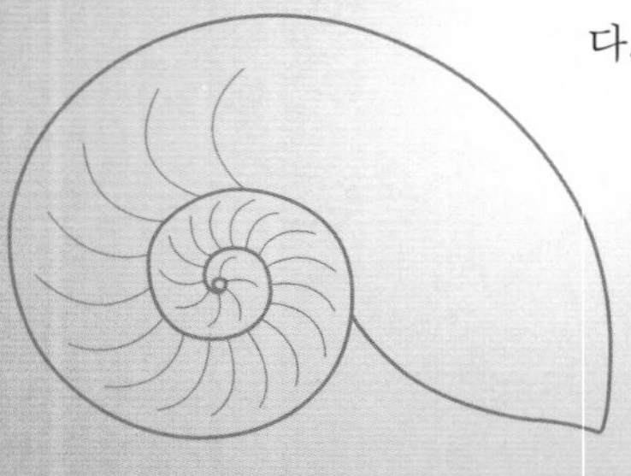

## 방법

우선 한 변의 길이가 1인 정사각형을 그린다. 그리고 그 옆에 크기가 똑같은 정사각형을 그려서 잇댄다.

그런 다음 이 두 개의 정사각형을 한 변으로 하는 정사각형을 그 위에 그린다. 따라서 새로 그린 큰 정사각형의 한 변의 길이는 2가 된다.

이런 식으로 시계 방향으로 계속 정사각형을 그려 나간다. 다시 말하면, 앞에서 한 변의 길이가 2인 정사각형을 새로 그렸다면, 이번에는 한 변의 길이가 3인 정사각형을 오른편에 그린다(왜 변의 길이가 3이냐 하면 애초의 변의 길이 1인 정사각

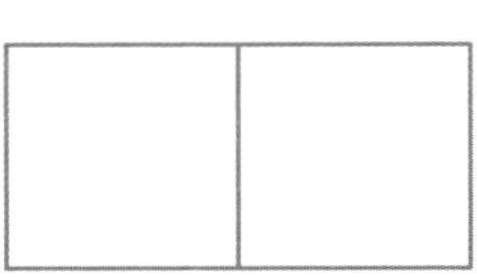

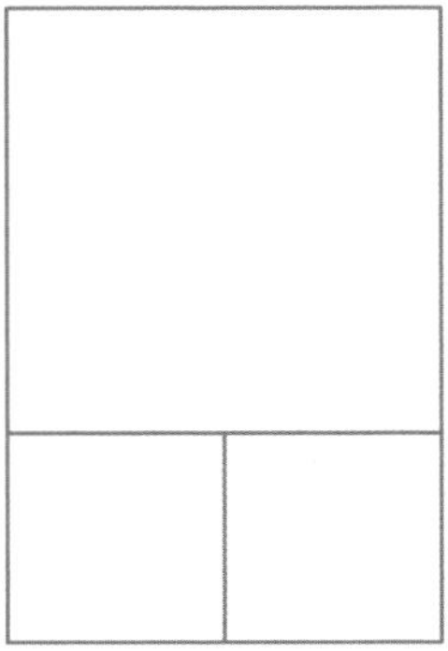

피타고라스 정리와 황금비율

형과 두 번째의 변의 길이가 2인 정사각형을 한 변으로 삼아서 그리기 때문이다). 변의 길이가 3인 정사각형을 그렸다면 다음에는 변의 길이가 5인 정사각형을 그 아래에다 그린다(변의 값이 5인 까닭은 2인 정사각형과 3인 정사각형을 합친 것을 한 변으로 삼기 때문이다). 이런 식으로 계속 나아갈 수 있다.

정원의 면적에 맞게 적당히 그렸다면 제일 처음의 정사각형의 꼭짓점에서 시작해 이웃한 정사각형의 꼭짓점을 향해 원호를 그려 나간다(아래 그림 참조). 이런 식으로 모든 정사각형에 대해 원호를 이어 나가면 펠리시티가 원하던 '로그 나선'이 얻어진다.

▼ 로그 나선을 작도할 때 변의 길이가 증가하는 정도는 피보나치 수열을 따른다. 피보나치 수열은 수가 점점 커질수록 앞의 수와 뒤의 수의 비율이 황금비율에 접근한다.

## 해답

펠리시티가 그려 나간 정사각형의 변의 길이들은 사실 '피보나치 수열'(→ p.176)을 따른다. 피보나치 수열은 앞의 두 수의 합이 다음 수가 되는 관계로 1, 2, 3, 5, 8, 13, 21… 모양을 보인다. 그리고 n 항과 (n + 1)항의 비율은 n의 값이 커질수록 황금비율에 접근한다. 로그 나선은 스위스의 수학자인 야콥 베르누이(1654~1705)가 처음 발견했는데, 당시 그는 이것을 '기적의 나선'이라고 불렀다. 로그 나선의 크기가 커질수록 형태가 일정한 모양을 유지하는 것에 감동을 받았기 때문이었다. 로그 나선이 앵무조개를 비롯해 자연에서 많이 발견되는 까닭도 여기에 있다. 즉 로그 나선은 아주 경제적으로 공간을 균등하게 채우는 것이다. 이런 성질을 '자기유사성self-similarity'이라고 부르는데, 이것은 프랙털(→ pp.166~167)의 핵심이기도 하다.

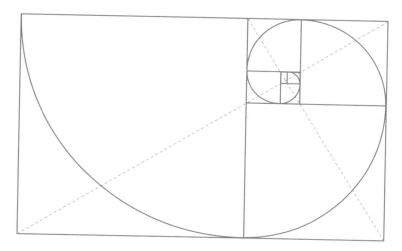

# 요하네스 케플러 JOHANNES KEPLER

케플러는 행성의 운동에 관한 세 가지 법칙을 발견했으며 다방면에서 많은 업적을 남긴 인물이었다. 특히 기하학 분야에서는 두 개의 새로운 정다면체를 발견했으며, 일정한 체적 안에 구를 가장 효율적으로 채우는 문제sphere packing, 황금비율에 관한 이론 등에서 탁월한 이론을 남겼다. 그는 천문학과 수학, 광학뿐만 아니라 점성술 등에서도 주목할 만한 저서를 남기기도 했다. 그가 자연과 사물을 탐구한 방식은 서구 사회가 중세에서 근대로 넘어가는 데 중심적인 역할을 했다.

케플러의 논리적 탐구 방법은 그가 살았던 16세기의 사고에 큰 영향을 미쳤다. 그는 중세의 비과학적 사유 방식을 거부하면서 '계몽주의'라는 새로운 지적 혁명을 이끌어내는 데 기여했다. 그는 기하학, 점성술, 천문학, 수학 등 다방면에 관심이 많았는데, 오늘날 우리가 그를 기억하는 주된 이유는 행성의 운동에 관한 세 가지 법칙 때문이다.

그는 갈릴레오나 데카르트와 마찬가지로 지구가 태양 주위를 돈다는 코페르니쿠스의 지동설을 신봉했다. 하지만 당시로서는 지동설을 지지한다는 것은 자신을 위험에 빠트리는 것과 다름없는 행위였다. 그래서 다른 코페르니쿠스 지지자들처럼 자신의 신념을 지키기 위해 고통을 감수해야 했다.

## 위험한 사상가

케플러는 1571년 독일의 슈투트가르트 인근에서 태어났다. 용병이었던 아버지가 전쟁에 나가 전사하자 여관집 딸이었던 어머니는 약초로 병을 치료하는 민간 치료사로 생계를 이어갔는데, 나중에 '마녀'로 몰려 재판에 회부되었다(이것은 케플러가 코페르니쿠스를 지지한 데 따른 보복이었다고도 한다).

케플러는 어릴 때부터 천문학에 호기심이 많았다. 나이가 들면서 케플러는 루터교 목사가 되기 위한 교육을 받았으나 수학에 워낙 출중한 재능을 보여 이후 오스트리아의 그라츠대학에서 수학 및 천문학을 가르치게 되었다.

케플러는 1543년에 출간된 코페르니쿠스의《천체의 회전에 관하여》를 읽고 지구가 태양을 중심으로 돌고 있다는 사실을 확실히 믿게 되었다. 이후 그는 이 이론에 토대를 두고 자신의 연구를 계속해나갔다. 그는 가톨릭으로 개종하라는 학교 측의 제의를 거절하는 바람에 그라츠대학에서 쫓겨나는 신세가 됐다. 코페르니쿠스를 지지했던 그는 더 이상 일자리를 구할 수가 없었다. 몇 년 뒤 그는 당시 가장 뛰어난 천문학자이자 수학자로 평가받던 티코 브라헤의 눈에 들어 그의 조수로 일하게 된다. 티코 브라헤는 코페르니쿠스 이론의 지지자는 아니었지만 케플러의 섬세하고 정확한 천문 관측 능력을 높이 샀다. 그래서 당시 자신이 왕실 천문학자로 있던 프라하로 케플러를 불러들였다.

피타고라스 정리와 황금비율

브라헤가 세상을 떠나자 케플러는 그를 이어 왕실 수학자로 임명되었다. 이 무렵부터 행성에 관한 운동 법칙을 발견하는 데 몰두했으며, 황금비율에 관한 이론도 내놓는다. 1610년에는 목성의 네 개 위성에 관해 갈릴레오와 대화를 나누기도 했다. 1611년 아내가 죽자 케플러는 이듬해 프라하를 떠나 린츠로 거처를 옮겼다. 거기서 천문학과 점성술에 대한 연구를 계속하면서 별과 행성들에 관한 목록을 만드는 등 말년까지 꺼지지 않는 열정을 보여 주다가 1630년 생을 마감했다.

## 케플러의 저작

케플러는 1596년에 첫 저작을 발간했는데 《우주의 신비》라는 제목의 천문학에 관한 것이었다. 이 책에서 그는 플라톤 정다면체를 언급하면서, 다섯 개의 정다면체를 각각 구형체가 둘러싸고 있는 모형을 제시했다. 그는 이것들이 행성의 운동과 연관이 있다고 주장했다. 즉 신이 우주를 만들 때 이런 식의 기하학적 모형을 계획했다는

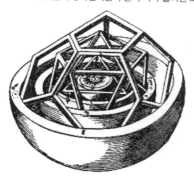

▼ 플라톤의 정다면체를 구들이 각각 둘러싼 모형도.

티코 브라헤TYCHO BRAHE

덴마크의 천문학자이자 연금술사였던 티코 브라헤(1546~1601)는 천문학자로는 당대 유럽에서 가장 유명해 부유한 귀족들의 후원을 독차지했다. 하지만 그는 코페르니쿠스의 지동설을 믿지 않았다. 대신 그는 태양과 달은 지구 주위를 돌지만, 다른 행성들은 태양 주위를 돈다는 절충적인 이론을 내놓았다. 당시 교회는 브라헤의 이 이론을 선호했다. 브라헤는 별의 운동을 세심하게 관찰해서 기록으로 남겼는데, 이 자료는 케플러의 천체 연구에 대단히 큰 도움이 되었다.

것이었다.

1609년에 출간된 《신천문학》은 행성의 운동에 관한 제1법칙을 자세하게 다룬다. 모든 행성은 태양을 하나의 초점으로 삼아 타원 운동을 한다는 내용이었다. 그는 이어 '황금 사각형'에 관한 이론을 내놓았는데, 이 사각형이야말로 '가장 진귀한 보석'이라고 했다. "기하학에는 두 개의 위대한 보물이 있다. 하나는 피타고라스 정리이고 다른 하나는 황금비율이다. 피타고라스 정리는 금 덩어리와 같고, 황금비율은 진귀한 보석과 마찬가지다."

1619년에 나온 《세계의 조화》라는 책에서는 자연계와 음악을 비교하면서 그 둘의 비율이 조화를 이루고 있다고 주장했다. 또한 정다각형과 정다면체의 특성을 비교하기도 했다. 1627년에 나온 《루돌핀 목록》은 프라하의 왕 루돌프 2세에게 바치는 것으로 그동안 하늘을 관측해 온 자료에 근거해 별과 행성의 위치와 운동에 관한 것을 목록으로 만든 것이다. 하지만 이 책은 가톨릭의 반종교개혁 시기에는 금서로 묶여 있었다.

# 아르키메데스 ARCHIMEDES

아르키메데스는 고대 그리스의 뛰어난 기술자이자 발명가, 물리학자로서 일상생활에 필요한 도구뿐 아니라 정교한 전쟁 무기도 많이 만들어 냈다. 예를 들어 오늘날 아르키메데스 스크루라고 불리는 기계는 일종의 펌프로 실린더 안에 있는 스크루를 통해 물을 길어올리는 일을 했다. 그가 목욕탕에서 부력에 관한 원리를 발견하고서 너무나 기쁜 나머지 알몸으로 거리를 달리며 "유레카Eureka!(나는 발견했다)"라고 외쳤다는 일화는 대단히 유명한 전설이다. 아르키메데스는 지렛대의 원리도 발견했는데, 이와 관련해 그는 "나에게 (지구 바깥에서) 서 있을 수 있는 장소만 달라. 그러면 지렛대로 지구를 들어보이겠다"고 일갈했다.

당시에는 아르키메데스의 업적에 대해 이런 발명 기계나 도구들에만 초점이 맞춰졌으나, 그 자신은 가장 가치 있는 연구는 수학이라고 믿었다. 사실 그는 오늘날 역사상 가장 뛰어난 수학자 중 한 명으로 꼽힌다. 하지만 당대에는 물론이고 그의 사후 몇 세기에 걸쳐 그의 수학적 저작들은 별로 주목받지 못했다.

아르키메데스는 BC 287년에 시칠리아 섬의 시라쿠사에서 태어났다. 당시 시칠리아는 그리스 제국의 일부였다. 그는 이집트의 알렉산드리아에서 교육을 받았다. 아마도 유클리드의 후계자들과 함께 공부했을 것이다. 그는 BC 212년 2차 포에니 전쟁 중에 시라쿠사를 점령한 로마 군인들에게 살해됐다고 전해진다. 수학 문제를 푸느라고 워낙 몰두해 있는 바람에 군인들의 지시를 듣지 못하자 (생포하라는 명령을 받았음에도 불구하고) 화가 난 로마 군인들이 살해했다는 것이다. 그 때 아르키메데스는 자와 컴퍼스로 모래에 큰 원을 그리고 있었고 군인들이 다가가자 이렇게 말했다. "내 원들을 지우지 마시오."

그의 생애에 대해서는 자세히 알려진 것이 거의 없다. 단지 그가 남긴 저작들과 업적들, 훗날 쓰여진 그에 관한 이야기들을 통해 추측할 뿐이다.

## 아르키메데스의 팔림세스트 PALIMPSEST

1906년 그동안 알려지지 않았던 아르키메데스의 저작이 발견되었는데, 이것을 '아르키메데스의 팔림세스트'라고 부른다. 팔림세스트란 원래의 글을 지우고 그 위에 다시 쓰여진 고대 문서를 가리킨다. 1906년에 발견된 팔림세스트에서는 원래 양피지에

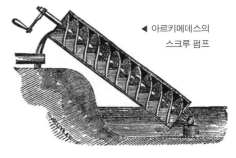

◀ 아르키메데스의
스크루 펌프

아르키메데스의 글이 적혀 있었으나 그 후 시간이 지나면서 이를 지우고 중세 시대의 종교 관련 내용이 덧씌워져 있었다. 학자들은 지워진 글의 흔적을 되살리기 위해 애를 썼으나 실패를 거듭했다. 그러다 20세기 말 디지털 기술의 도움으로 완전한 해독이 가능해졌다. 판독 결과 아르키메데스가 평면도형의 면적 및 구와 원뿔, 원통의 체적을 구하는 방법에 관해 써 놓은 내용이었다. 여기서 아르키메데스가 사용한 방법은 '소진법'이라고 불리는데, 적분의 초기 형태를 띠었다.

## 소진법 METHOD OF EXHAUSTION

아르키메데스는 원의 면적을 구하려면, 원의 반지름과 높이가 같고, 밑변이 원의 둘레와 같은 삼각형의 면적을 구하면 된다고 주장했다(아래 그림을 보라).

이것을 증명하기 위해 그는 다음과 같은 방법을 사용했다. 먼저 원을 그린 다음 그 원에 내접하는 정사각형과 외접하는 정사각형을 그린다. 이 상태에서 내접사각형의 각 변을 이등분하는 대각선을 그은 다음 대각선들이 원과 만나는 점들끼리 이으면 정8각형이 될 것이다. 다시 같은 방법으로 정8각형의 각 변을 이등분하는 선을 그으면 정16각형을 얻을 수 있다. 이런 식으로 계속하다보면 정32각형, 정64각형……식으로 점점 원에 아주 근접한 정다각형을

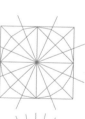

얻게 될 것이다. 이 정다각형은 삼각형들로 이루어져 있으며, 이들 삼각형의 면적은 외접하는 정다각형의 한 변과 원의 반지름을 곱한 것의 $\frac{1}{2}$이라는 것도 알 수 있다. 따라서 원의 면적은 이들 삼각형의 면적에 정다각형의 변의 수만큼 곱하면 된다. 정다각형의 변의 수가 늘어날수록 내접하는 정다각형과 외접하는 정다각형은 차이가 없어지고 거의 원에 가깝게 된다. 정다각형의 수가 너무 많아 셀 수 없다고 해도 걱정할 것은 없다. 왜냐하면 정다각형의 각 변을 모두 합하면 원의 둘레만큼 될 것이기 때문이다. 따라서 원의 반지름을 높이로 하고 원의 둘레를 밑변으로 하는 삼각형의 면적을 구하면 그것이 곧 원의 면적이 된다.

아르키메데스는 원에 내접하는 정다각형과 외접하는 정다각형이 점점 근접할수록 원에 가까워지고, 결국 원은 변의 수가 무한한 정다각형과 같다고 생각했던 것이다. 이처럼 도형을 무한히 작게 나눠가는 방식을 통해 면적을 구하는 방법을 '소진법'이라고 부른다.

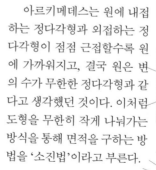

▲ 아르키메데스는 정다각형을 원에 계속 근접시켜가는 방식을 통해서 원이란 변의 수가 무한히 많은 정다각형과 같다고 정의 내렸다.

# 3

# 입체와 다차원 도형

유클리드는 《기하학 원론》에서 2차원의 평면 도형들을
주로 다루었다. 하지만 책의 뒷부분에 이르러서는
3차원의 입체 도형들, 특히 정다면체에 대해서도 눈길을 주었다.
그러나 오늘날의 기하학은 3차원에 머물러 있지 않다.
유클리드도 차원의 수가 3을 넘을 수 있다는 것은
상상하지 못했을 것이다. 수학자들은 용기를 가지고 과감하게
상상력을 밀어 붙이고 있는 것이다.

# 플라톤의 정다면체 PLATONIC SOLIDS

우리는 3차원(3D)의 세계에 살고 있다. 그래서 초기의 기하학자들이 3차원에 대해서는 거의 무심했다는 사실은 우리를 다소 의아하게 만든다. 하지만 그것은 2차원(2D)의 평면에 3차원으로 된 물체를 표현하기가 어려웠기 때문일 것이다. 값싼 종이가 없었던 당시에는 모래에 그림을 그리기 일쑤였고 그래서 표현에 제한이 있을 수밖에 없었다. 그럼에도 유클리드는 《기하학 원론》에서 수학적으로 중요한 3차원 도형에 관해 기술했다. 그것은 '플라톤의 정다면체'라고 불린다.

## 정다면체

우리는 2장에서 정다각형의 작도법에 관해서 배웠다(정다각형은 각과 변의 길이가 모두 같은 도형이다). 그런데 이것을 3차원으로 옮겨서 생각하면 하나의 다면체(말 그대로 면이 여러 개인 도형)는 다음과 같은 두 가지 조건을 만족할 때 정다면체가 된다.

◀ 정6면체는 꼭짓점 8개, 모서리 12개, 면 6개를 갖는다.

▼ 피라미드는 흔히 정다면체로 생각하기 쉽지만, 밑면이 정사각형이고 나머지 면은 정삼각형이기 때문에 수학적인 의미에서는 정다면체가 아니다.

- 모든 면이 똑같은(합동인) 정다각형이다.
- 모든 꼭짓점에서 같은 수의 면이 만난다.

정6면체를 생각해 보자. 그것은 같은 모양의 정사각형이 여섯 개 모여서 이루어져 있고, 각 꼭짓점에서는 세 개의 면이 만나고 있다(그런 꼭짓점이 8개 있다). 반면 밑면이 정사각형인 피라미드는 대칭적인 구조로 널리 알려져 있지만, 수학적으로 보면 정다면체가 아니다. 각각의 면이 서로 다르기 때문이다. 그것은 네 개의 정삼각형과 하나의 정사각형으로 이뤄져 있다.

마찬가지로 정삼각형 여섯 개를 가지고 육면체를 만들 수 있지만 이것은 정6면체가 아니다. 다섯 개의 꼭짓점 가운데 두 개의 꼭짓점에서는 정삼각형 세 개가 만나지만, 나머지 세 개의 꼭짓점에서는 정삼각형이 네 개 만나기 때문이다.

정다각형은 이론적으로는 무한히 많이 존재할 수 있다. 이를테면 내각이 모두 같고 각 변의 길이도 같은 정720각형도 작도할 수 있다. 다만 그것은 거의 원에 가깝게 보일 것이다. 그렇다면 무수히 많은 정다각형이 존재할 수 있듯이 정다면체도 무수히 많이 존재하는 것일까? 여기에 대해서는 유클리드가 이미 답을 준비해 두었다. 정다면체는 오직 다섯 개만 존재한다. 이 다섯 개를 '플라톤의 정다면체'라고 부른다.

## 다섯 개의 정다면체

지금까지 알려진 바에 따르면 정다면체를 만드는 데 사용되는 정다각형은 단 세

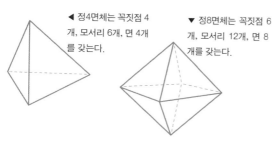

◀ 정4면체는 꼭짓점 4개, 모서리 6개, 면 4개를 갖는다.

▼ 정8면체는 꼭짓점 6개, 모서리 12개, 면 8개를 갖는다.

▼ 정12면체는 꼭짓점 20개, 모서리 30개, 면 12개를 갖는다.

▲ 정20면체는 꼭짓점 12개, 모서리 30, 면 20개를 갖는다.

가지밖에 없다. 앞에서 보았듯이 정사각형 6개를 가지고 정6면체를 만들 수 있다. 또한 정삼각형을 이용하면 세 개의 서로 다른 플라톤 정다면체를 만들 수 있다. 즉 4개의 정삼각형으로는 정4면체를 만들 수 있고, 정삼각형 8개는 정8면체, 정삼각형 20개는 정20면체가 된다.

정삼각형과 정사각형 외에 정오각형을 이용하면 정12면체를 만들 수 있다. 이렇게 다섯 개의 정다면체, 즉 정4면체, 정6면체, 정8면체, 정12면체, 정20면체가 플라톤의 정다면체다.

## 정오각형

2장에서 보았듯이 초기의 기하학자들에게 자와 컴퍼스를 가지고 정삼각형이나 정사각형을 작도하는 것은 간단한 일이었지만, 정오각형의 작도법은 매우 까다로운 문제였다. 그래서 유클리드는 오각형의 성질에 관해 매우 관심이 많았다. 정오각형의 각 점에서 다른 점을 향해 대각선을 그으면 별 모양이 되는 것도 특이하게 비쳐졌다.

사실 정오각형에는 특별한 성질이 있는데, 그중 하나가 정오각형의 크기에 상관없이 각 변의 길이와 대각선 길이의 비율이 황금비율인 $\frac{1+\sqrt{5}}{2}$를 나타내는 것이다(황금비율 → pp.64~64). 일반적으로 무리수를 발견한 인물은 BC 5세기경의 히파수스로 알려져 있다. 그는 피타고라스 정

리를 연구하던 중에 어떤 수들은 분수로 나타낼 수 없다는 것을 알게 되었다. 하지만 유클리드도 플라톤의 정다면체를 연구하던 중 무리수의 존재에 대해 알게 되었을 것이다. 실제로 수학사학자들 중에는 유클리드가 진짜 관심을 둔 것은 무리수였으며, 정다면체는 무리수를 연구하기 위한 수단이었다고 주장하는 이들도 있다. 유클리드가 정다면체를 연구하면서 도입한 수이론number theory은 정다면체를 이해하는 데는 별 필요가 없다. 따라서 유클리드의 진짜 의도는 정다면체 자체가 아니라 무리수를 연구하기 한 것이었다는 주장은 설득력이 있다.

### 플라톤의 정다면체와 4원소론

피타고라스 학파에서는 플라톤의 정다면체를 만물을 구성하는 네 가지 기본 원소, 즉 흙, 물, 불, 공기와 연관시켜서 받아들였다. 그래서

정4면체 = 흙,
정6면체 = 물,
정8면체 = 공기,
정12면체 = 불

이라고 정의했다. 그렇다면 나머지 하나인 정20면체는 무엇과 연관되는 것일까? 그것은 4원소보다 더 위에 존재하는 만물의 본질(정수)로서, 에테르라고 불리는 제5원소와 연결되었다.

# 플라톤PLATO

플라톤은 모든 시대를 통틀어 가장 탁월한 철학자 중 한 명이라고 할 수 있다. 영국의 수학자이자 철학자인 알프레드 노스 화이트헤드Alfred North Whitehead는 이렇게 말했다. "모든 철학은 플라톤에 대해 주석을 다는 것에 불과하다."

플라톤은 철학 문제에 대해 논문 형식의 글이 아니라 대화 형식의 글을 주로 저술했다. 그는 이들 대화론에 자신을 직접 등장시키지는 않았다. 그는 스승인 소크라테스의 방법론, 즉 문답법을 따랐다. 이 방법에 따르면 핵심 질문들을 계속 던짐으로써 상대로 하여금 생각을 하도록 자극할 수 있고 이성적 사고를 더 깊이 하도록 만들 수 있다는 것이다.

　　사람이 스스로 생각하도록 가르치는 플라톤의 방식은 서구 세계의 교육 이론에 엄청난 영향을 미쳤다. 플라톤은 교육에서 특히 수학이 중요하다는 것을 매우 강조했다. 개념에 대한 엄밀한 정의, 명징한 추론 등에 대한 그의 가르침은 뒷날 유클리드가 자신의 수학 체계를 형성하는 데도 크게 영향을 끼쳤다.

## 플라톤의 아카데미

플라톤은 BC 428년 아테네에서 태어나 BC 348년에 세상을 떠났다. 그는 매우 부유한 가정에서 태어나고 자랐다. 그의 집안은 아테네 정치에도 영향력이 강했다. 그래서 플라톤은 어릴 때부터 정치에 관심이 많았으나 시간이 흐르면서 아테네의 지배 계급에 대해 환멸을 느끼게 되었다. 그가 소크라테스를 만난 것은 BC 409년경이었다. 이후 그는 소크라테스의 수제자가 되었다. 소크라테스는 제자들에게 자신의 관념과 믿음에 대해 늘 비판적으로 되돌아보라고 강조했다. 특히 정의justice와 선goodness의 개념에 대해 계속해서 질문을 던져 보도록 권했다.

　　이러한 소크라테스의 문답법은 당시 아테네 지배자들의 반감을 샀다. 그런 방법이 국가에 대한 비판이자 위협이라고 보았기 때문이었다. 결국 소크라테스는 BC 399년 젊은이들의 정신을 타락시켰다는 이유로 사형당했다. 이 사건으로 큰 충격을 받은 플라톤은 다른 제자들과 함께 아테네를 떠나 이후 12년간 이집트,

▼ 플라톤이 세운 아카데미의 정문에는 이런 문구가 적혀 있었다고 한다. "기하학을 모르는 자는 이곳에 발을 들일 수가 없다."

## 소크라테스의 문답법

플라톤은 자신의 책을 저술하면서 오늘날 '소크라테스 문답법'이라고 불리는 방법론을 채택했다. 그 방법론의 특징은 다음과 같다.

- 이것은 강의나 설명, 해설이 아니다. 대화다.
- 이 대화는 교사와 학생 사이에 이루어진다.
- 이 방법은 (학생들을) 가르치는 기술의 하나다.
- 이 방법은 아이러니에 기초하고 있으며, 항상 의식적으로 반대 의견을 제시해야 한다.

소크라테스 문답법은 대화를 통해 상대로 하여금 자신이 가진 관념과 생각에 모순이 있었음을 깨닫게 하는 것이다. 사실과 논리에 토대를 두고 계속 질문을 던짐으로써 배우는 사람(학생)이 자신의 잘못을 스스로 깨닫게 하는 것이다. 한마디로 소크라테스 문답법의 목적은 학생들로 하여금 '무엇'이 아니라 '어떻게' 생각해야 하는지를 가르치는 것이었다.

"기하학은 내 고상한 친구로, 내 영혼이 진실에 다가가도록 해 주며, 철학적인 정신을 일깨워 준다. 그래서 정신이 타락하는 것을 막아 준다." — 플라톤의 《국가》

시칠리아, 이탈리아 등을 떠돌았다. 이 기간 동안 그는 자신의 철학적, 과학적 관념들을 발전시켜 나갔다. 또한 스승의 가르침을 되새기면서 소크라테스의 대화록을 집필하기 시작했다.

다시 아테네로 돌아온 플라톤은 '아카데미Academy'라는 이름을 단 일종의 대학을 세웠다(아카데미는 땅 소유주의 이름인 아카데모스Academos에서 따온 것이었다. 하지만 플라톤 이후 이 이름은 학문의 전당을 의미하게 되었다). 많은 뛰어난 학생과 학자들이 아카데미에서 공부했는데, 특히 아리스토텔레스는 18세에 플라톤을 만나 아카데미에 입학한 뒤 플라톤이 세상을 떠날 때까지 20년간을 함께했다. 아카데미는 AD 592년에 문을 닫을 때까지 오랜 세월 학문의 중심지로 많은 인재들을 배출했다. 이곳에서는 철학, 물리학, 천문학, 수학 같은 고급 학문들이 폭넓게 논의되었다. 플라톤은 아카데미를 설립한 시기를 전후해 《국가》를 펴내 정의와 용기, 지혜에 관한 관념들에 대해 정의하는 한편 한 사회에서 개인의 역할에 대해 논의했다.

플라톤은 이탈리아 남부 시라쿠사의 정치에 관여하기도 했으나 정적들의 계략으로 결국 수년간 죄수 생활을 해야 했다. 그 후 다시 아테네와 아카데미로 돌아온 플라톤은 저술 활동을 재개했다. 이 후기 저작에서는 소크라테스의 문답법을 활용해 춤과 음악, 시, 건축, 희곡, 윤리학, 수학, 정치, 종교, 철학, 인식론 등 다양한 분야를 다루었다. 이들 중 하나가 《티마이오스Timaeus》다. 이 책에서 그는 오늘날 '플라톤의 정다면체'라 불리는 도형들에 관해 기술했고 이것이 이후 유클리드가 연구하는 데 기초가 되었다. 말년에도 플라톤은 학생들을 가르치고 논쟁하고 저술하는 작업을 쉬지 않고 계속하다가 80세에 세상을 떠났다.

## 문제

마리아는 딸아이가 갖고 놀 수 있도록 나무로 된 큐브를 여러 개 만들어 주려고 한다. 마리아에게는 여섯 가지 색의 페인트가 있다. 그래서 큐브의 각 면을 서로 다른 색으로 칠할 생각이다. 이럴 경우 각각의 큐브가 서로 다른 색의 배열을 갖도록 하려면 몇 가지 방법이 있을까?

## 방법

마리아가 가진 여섯 가지 색을 빨간색, 오렌지색, 노랑색, 녹색, 파랑색, 자주색이라고 하고 각각을 식별하기 쉽도록 r, o, y, g, b, p라고 하자.

우선 문제에서 '각각의 큐브가 서로 다른 색의 배열을 갖는다'는 말이 어떤

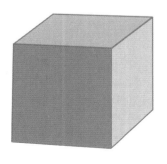

의미인지부터 따져 보자. 두 개의 큐브가 있을 때 하나를 아무리 회전하더라도 다른 큐브가 가진 색의 배치와 똑같이 되지 않는다면 두 큐브는 서로 '다르다'고 할 수 있을 것이다. 그렇다면 다음 페이지의 그림을 살펴보자. 이들 세 큐브의 전개도는 얼핏 보면 서로 다른 것처럼 여겨진다. 하지만 A와 C를 각각 접어서 큐브를 만들어 보면 색의 배열이 같은 것을 알 수 있다. 그러나 B는 A, C와는 색의 배열이 다르다.

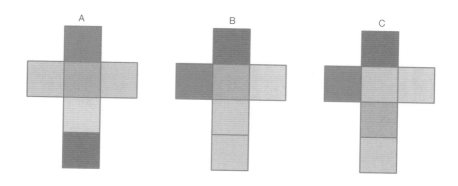

문제는 이 여섯 가지 색으로 만들어 질 수 있는 색의 배열을 어떻게 한눈에 알아볼 수 있도록 나열하느냐는 것이다. 이를 위해 마리아는 큐브의 한 면을 일단 한 가지 색으로 고정시켜야 한다고 생각했다. 그 색을 빨간색 r이라고 하자.

그러면 이 빨간색 r의 맞은 편 면에 올 수 있는 색은 나머지 다섯 가지이다. 이 다섯 가지 가운데 오렌지색 o를 취해 보자. r과 o가 정해졌기 때문에 이제 나머지 네 가지 색으로 배열하는 문제만 남는다. 네 가지 색으로 배열할 수 있는 경우의 수는 다음과 같이 여섯 가지다.

ygbp
ygpb
ybgp
ybpg
ypgb
ypbg

마찬가지로 이번에는 r의 맞은 편에 노란색 y가 온다고 해 보자. 그러면 이번 에도 앞에서와 마찬가지로 여섯 가지 경우의 수가 나온다. 이런 식으로 r의 맞은 편에 녹색 g, 파란색 b, 자주색 p를 놓을 수 있다.

이처럼 빨간색 r의 맞은 편에 올 수 있는 경우는 다섯 가지이고, 각각의 경우마다 색의 배열이 생기는 경우의 수는 여섯 가지이기 때문에, 이들을 모두 합하면 5×6 = 30, 즉 큐브가 취할 수 있는 서로 다른 색의 배열은 30가지인 것을 알 수 있다.

**해답**

마리아는 30가지의 서로 다른 색을 가진 큐브를 만들 수 있다. 그런데 만약 마리아가 하얀색 페인트를 하나 더 갖고 있다고 해 보자. 그렇다면 이 일곱 가지 색으로 큐브가 서로 다른 색의 배열을 갖도록 하는 경우는 몇 가지가 있을까? 여러분이 한번 풀어 보기 바란다.

## Exercise 13 가장 부피가 큰 정육면체 만들기

**문제**

안젤로는 종이 박스를 제작하는
일을 한다. 그는 오른쪽 그림에서
보듯이 정사각형 종이에 정육면
체의 전개도를 그린 다음 그것을
오려내어 박스를 만든다. (모서리
들을 연결하는 데 필요한 접착 부위는 무
시하기로 하자).

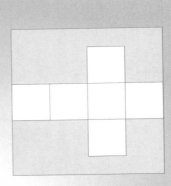

그는 어느 날 문득 이런 생각이 들었다. 여태까지 해온 방식과는 다
르게 해 보면 박스의 부피를 더 크게 만들 수 있지 않을까 하는 것이었
다. (그렇게 되면 종이를 낭비하는 부분도 더 적어질 것이다.) 그렇다면 안젤로가
정사각형 종이로부터 만들어 낼 수 있는 가장 부피가 큰 정육면체는
어느 정도의 크기가 될까?

**방법**

안젤로가 박스를 만들기 위해 사용하는
종이의 크기를 가로, 세로가 $20 \times 20$이
라고 하자. ($4 \times 4$처럼 다른 크기로 할 수도 있
다. 하지만 $20 \times 20$으로 설정하는 것이 설명하기에
유리하기 때문에 편의를 위해서 그렇게 한 것뿐이
다.) 그러면 그동안 안젤로가 만들어 온

정육면체 박스의 한 모서리의 길이는 그
림에서 확인할 수 있듯이 5가 된다. 그리
고 그 박스의 부피는 $5 \times 5 \times 5 = 125$가
된다.

여기서 안젤로는 전개도를 종이의
대각선 방향으로 그리면 부피가 더 커지
리라는 생각이 떠올랐다.

▲ 안젤로는 전개도를 비스듬하게 놓아 보았다.

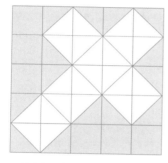

▲ 하나의 크기가 4가 되도록 격자무늬 선들을 그리면 부피를 쉽게 구할 수 있다.

▲ 안젤로는 세 번째 시도 결과 처음보다 거의 세 배나 큰 크기를 얻었다.

　　왼쪽 그림에서 보듯이 대각선으로 그려진 이 박스의 부피를 알려면 일단 모서리의 길이를 먼저 알아야 한다. 이를 위해 안젤로는 정사각형 종이의 각 변을 따라 네 개의 점을 찍었다(이 때문에 앞에서 종이의 크기를 20×20이라고 설정했던 것이다).

　　이렇게 각 변에 찍힌 네 개의 점을 서로 이으면 왼쪽 그림 두 번째에서 보듯이 격자무늬가 만들어진다. 또한 박스의 모서리 길이는 직각삼각형의 빗변과 같다는 것을 알 수 있다. (박스의 전개도에는 24개의 직각삼각형이 있다.) 이 직각삼각형의 빗변을 제외한 변의 길이는 격자무늬의 한 칸이므로 4다. 피타고라스 정리를 이용하면 직각삼각형의 빗변의 길이 $= \sqrt{4^2 + 4^2} = \sqrt{32}$가 된다. $\sqrt{32}$의 값은 약 5.66이다. 따라서 이 박스의 부피는 $5.66 \times 5.66 \times 5.66 = 181.3215$다. 원래 박스의 부피 125에 비하면 새로운 박스의 부피는 약 45% 정도가 늘어난 것을 알 수 있다.

　　안젤로는 흡족한 마음으로 잠자리에 들었다. 그러나 불현듯 새로운 영감이 떠올랐다. 이것보다도 더 큰 박스를 만들 수 있겠다는 생각이 든 것이다. 안젤로의 새 아이디어는 왼쪽 그림 세 번째와 같은 전개도였다. 여기에서는 종이 위에 세 개의 점을 찍어 서로 이으면 격자무늬가 생기고 격자무늬 하나당 크기가 5가 된다. 박스 모서리의 길이는 역시 직각삼각형의 피타고라스 정리를 이용하면 $\sqrt{5^2 + 5^2} = \sqrt{50}$이 된다. $\sqrt{50} = 7.071$이므로 이 박스의 부피는 약 354다. 최초의 박스 부피 125보다는 2.83배가 더 크고, 두 번째 박스보다는 1.96배가 더 크다는 것을 알 수 있다.

## 해답

안젤로는 똑같은 종이로 그동안 만들어 온 박스보다 거의 세 배나 더 부피가 큰 박스를 만들 수 있었고 종이의 낭비도 훨씬 줄일 수 있었다.

# 아르키메데스의 다면체

축구공을 만들기 위해서 어떤 정다각형을 써야 하느냐고 물으면 대개는 정육각형이라고 답한다. 사실 축구공을 만들기 위해서는 정육각형과 정오각형이 모두 필요하다. 이처럼 두 가지 이상의 정다각형을 연결해서 얻어지는 도형에 처음으로 흥미를 보인 수학자는 아르키메데스였다.

## 깎은 정6면체

공작용 점토로 정6면체를 만들었다고 하자. 이제 그 정6면체의 꼭짓점 하나를 조금 잘라내면 아래 그림에서 보듯이 정6면체의 세 면에 걸치면서 삼각형을 이루게 된다. 보다 정교하게 자른다면 이 삼각형이 정삼각형이 되도록 할 수 있다. 또한 정6면체의 8개 꼭짓점 모두에 대해 이렇게 절단을 한다면 면이 14개인 다면체를 얻을 수 있게 된다. 이것을 '깎은 정6면체'라고 부른다.

14개의 면을 가진 이 새로운 다면체는 정8각형이 6개, 정삼각형이 8개인 구조를 갖는다. 이것은 플라톤의 정다면체는 아니다. 각 면이 모두 같지는 않기 때문이다. 하지만 꼭짓점을 정교하게 잘라서 정삼각형을 8개 만들 수 있듯이 6개의 육각형이 모두 정육각형이 되도록 절단할 수 있다. 따라서 '깎은 정6면체'는 두 개의 서로 다른 다각형으로 돼 있지만 그것들은 모두 정다각형이기 때문에 정다면체의 특성을 일부 갖게 된다. 이 다면체는 꼭짓점의 개수가 24개라는 것도 알 수 있다 (원래의 정6면체가 가진 8개의 꼭짓점 각각에서 3개씩의 꼭짓점이 형성되었기 때문이다). 또한 각 꼭짓점에서 만나는 면의 구성이 항상 일정하다는 것도 주목할 점이다. 즉 두 개의 정육각형과 하나의 정삼각형이 각 꼭짓점을 둘러싼 것이다. 이처럼 '깎은 정6면체'에는

꽤 많은 규칙성이 존재하고 있고, 그래서 이런 다면체를 '준정다면체'라고 부른다.

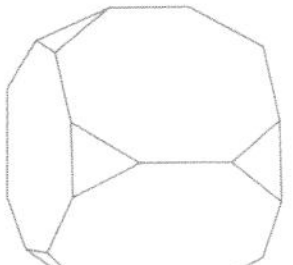

## '깎은 플라톤의 정다면체'

정6면체에서처럼 플라톤의 다른 정다면체, 즉 정4면체, 정8면체, 정12면체, 정20면체들도 '깎은 정다면체'를 만들 수 있다. 이들은 물론 준정다면체다. 이들 준정다면체의 각 꼭짓점을 살펴보면 '깎은 정6면체'에서처럼 꼭짓점에 모이는 정다각형들의 구성이 일정하다는 것을 알 수 있다. 그래서 이 특성을 이용해서 '깎은 정다면체'를 표현할 수 있다. 예를 들어 앞에 나온 '깎은 정6면체'는 3, 8, 8로 표시된다. 각 꼭짓점에 모이는 면이 정삼각형, 정육각형, 정육각형이기 때문이다. 다음 그림은 '깎은' 정4면체, 정8면체, 정12면체, 정20면체를 나타낸다. 이들을 각 꼭짓점에 모이는 면의 구성에 따라 표기한다면 다음과 같다.

- 깎은 정8면체 (4, 6, 6)
- 깎은 정20면체 (5, 6, 6)
- 깎은 정12면체 (3, 10, 10)
- 깎은 정4면체 (3, 6, 6)

이제 축구공의 디자인을 생각해 보자. 축구공은 정육각형과 정오각형이 모여서 만들어져 있으므로 위에 표기된 것으로부터 '깎은 정20면체'라는 것을 알 수 있다.

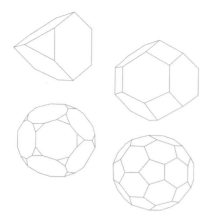

## 정다면체의 쌍대DUAL

다시 정6면체로 돌아와서, 각 꼭짓점을 잘라 보자. 그런데 이번에는 앞에서보다 절단면을 점점 더 크게 해 정6면체의 각 모서리의 절반 지점까지 자르면 어떻게 될까? 아래 그림에서 보듯이 14개의 면을 그대로 갖지만, 정8면체였던 부분은 정사각형이 될 것이다. 그리고 이 입체를 각 꼭짓점에 모이는 면의 구성에 따라 표기하면 (4, 3, 4, 3)이된다. 각 꼭짓점에서 정사각형, 정삼각형, 정사각형, 정삼각형의 순서로 돌아가면서 만나기 때문이다. 이런 다면체를 '육팔면체 cuboctahedron'라고 한다.

놀라운 점은 정8면체의 각 면을 모서리 중간에서 절단해도 '육팔면체'와 같은 다면체가 얻어진다는 사실이다. 이것은 정6면체와 정8면체가 서로 쌍대이기 때문이다. 쌍대인 정다면체는 모서리의 수가 같고, 한쪽 도형의 면의 수가 상대편 도형의 모서리 수가 되는 관계가 있다. 예컨대 정6면체와 정8면체는 모서리의 수가 12개로 똑같다. 또한 정6면체의 면의 수(6)는 정8면체의 꼭짓점 개수(6)와 같고, 반대로 정8면체의 면의 수(8)는 정6면체의 꼭짓점

개수(8)와 같다.

속이 텅 빈 정6면체가 있다고 하자. 각 면의 정중앙에 한 점을 찍으면 여섯 개의 점이 생길 것이다. 그런 다음 이웃한 점들끼리 서로 연결하면 아래의 그림과 같은 입체가 얻어질 것이다. 바로 정8면체의 모양이다. 반대로 속이 텅 빈 정8면체가 있고 각 면의 정중앙에 점을 찍은 다음 이웃한 점들끼리 잇게 되면 어떻게 될까? 그렇다. 바로 정6면체를 얻을 수 있게 된다. 즉 정8면체의 각 면 중앙에 찍은 점들이 정6면체의 꼭짓점이 되는 것이다. 이처럼 쌍대인 정다면체는 한쪽 입체의 면의 수가 상대편의 꼭짓점의 개수와 같은 관계가 성립한다.

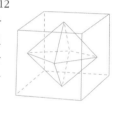

마찬가지 논리로 정12면체와 정20면체도 쌍대다. 정6면체와 정8면체를 각 모서리의 중간까지 절단하면 둘 다 '육팔면체'가 되듯, 정12면체와 정20면체도 같은 식으로 절단하면 둘 모두 같은 다면체가 되고, 그 다면체는 십이이십면체icosidodecahedron라고 불린다. 십이이십면체는 (3, 5, 3, 5)로 표기할 수 있다. 각 꼭짓점에 모이는 면들이 정3각형, 정5각형, 정3각형, 정5각형 순서로 돼 있다는 뜻이다.

이렇게 해서 우리는 5개의 플라톤 정다면체를 절단해서 모두 7개의 새로운 '준정다면체'를 얻을 수 있었다. 그렇다면 이 7개가 플라톤의 정다면체로부터 얻을 수 있는 준정다면체의 전부일까? 그렇지 않다. 모두 13개의 준정다면체가 존재한다. 이것을 처음 발견한 것은 아르키메데스이고, 따라서 이들 준정다면체를 '아르키메데스의 다면체'라고 부른다. 인터넷을 찾아보면 나머지 6개의 준정다면체 모양을 확인해 볼 수 있을 것이다.

# 14 오일러의 정리

## 문제

레오나르도는 입체 도형을 가지고 이리저리 굴리며 시간을 보내다 어떤 아이디어가 떠올랐다. 그는 정6면체와 정8면체처럼 쌍대인 정다면체는 면의 수와 꼭짓점의 수를 서로 바꾸는 관계가 있다는 것을 알고 있었다. 즉 정6면체는 면의 수가 6, 꼭짓점의 수가 8이고 정8면체는 면의 수가 8, 꼭짓점의 수가 6이기 때문에 서로 쌍대인 것이다(쌍대→ p.85). 그는 이를 확장하면 정다면체의 면의 수, 모서리 수, 꼭짓점의 수 사이에는 일정한 관계가 있지 않을까 하는 데 생각이 미쳤다. 실제로 플라톤의 정다면체를 대상으로 면, 모서리, 꼭짓점 수를 비교해 보면 어떤 관계식이 성립한다. 이 관계는 어떤 것일까?

## 방법

먼저 정6면체를 가지고 시작해 보자. 정6면체는 주사위처럼 우리 주변에서 흔히 접할 수 있는 정다면체다. 정6면체는 면의 수가 6개, 모서리 수는 12개, 꼭짓점은 8개다. 이것을 표로 만들면 다음과 같다.

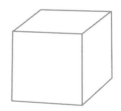

| 정다면체 이름 | 면Faces(F) | 모서리Edges(E) | 꼭짓점Vertices(V) |
|---|---|---|---|
| 정6면체 | 6 | 12 | 8 |

▼ 플라톤의 정다면체를 토대로 한 표

| 정다면체 이름 | 면(F) | 모서리(E) | 꼭짓점(V) |
|---|---|---|---|
| 정6면체 | 6 | 12 | 8 |
| 정4면체 | 4 | 6 | 4 |
| 정8면체 | 8 | 12 | 6 |
| 정12면체 | 12 | 30 | 20 |
| 정20면체 | 20 | 30 | 12 |

다음 글을 계속 읽어나가기 전에, 여러분은 위의 표를 보고서 어떤 관계를 얻을 수 있을지 한번 생각해 보라. 레오나르도는 정다면체의 면의 수 F와 꼭짓점의 수 V가 서로 같을 때 그 두 정다면체가 쌍대라는 사실에 주목했다. 따라서 F와 E, V 사이에 어떤 관계가 있다면 F와 V 앞에 1보다 큰 수가 오면 안 될 것이라고 추측했다. 2F + 5V 같은 경우가 되면 안 된다고 생각했던 것이다.

여러분도 표를 유심히 살펴보면 다음과 같은 관계식을 얻을 수 있을 것이다.

$$F - E + V = 2$$

이 식이 바로 스위스 수학자 레온하르트 오일러의 이름을 딴 '오일러의 정리'다. 오일러의 정리는 정다면체뿐 아니라 다른 다면체에 대해서도 성립한다. 다음 그림과 같은 두 개의 다면체, 즉 육각기둥과 피라미드형 도형에 대해 여러분이 실제로 오일러 정리를 적용해 보고 성립하는지를 확인해 보라. (육각기둥은

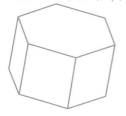

$F = 8$, $E = 18$, $V = 12$다. 밑변이 정사각형인 피라미드는 $F = 5$, $E = 8$, $V = 5$다.)

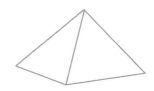

## 해답

오일러의 정리는 다면체에서 면의 수, 꼭짓점의 수, 모서리 수 사이에 일정한 관계가 있음을 보여 준다. 그러나 오일러 정리가 성립하지 않는 다면체도 있다. 아래 그림과 같이 가운데가 빈 다면체를 생각해 보자. 이 다면체의 앞과 뒤는 가운데로 움푹 들어가 있다. 따라서 이 다면체의 면의 개수는 16, 꼭짓점은 16, 모서리 개수는 32다. 이것을 오일러 식에 적용하면 $F - E + V = 16 - 32 + 16 = 0$

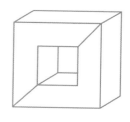

이다. 앞으로 살펴보겠지만 이 도형처럼 구멍이 나 있는 다면체는 수학자들에게 많은 골칫거리를 안겨 주게 된다.

# 직교 좌표계 CARTESIAN COORDINATES

지도를 보는 것은 우리 일상생활의 일부다. 예를 들어, 우리는 지도에 나타난 좌표 표시를 보고 목표 지점을 찾아 가는 데 참고한다. 이런 일은 아주 자연스럽고 당연한 일로 받아들인다. 그러나 16세기 이전까지만 해도 어떤 대상이 공간의 어디에 위치해 있는지를 나타내기 위해 좌표를 쓴다는 생각은 아무도 하지 않았다. 유클리드와 그 뒤를 잇는 기하학자들은 도형의 특성에만 주의를 집중했을 뿐이었다. 이를 깨고 나온 인물이 바로 르네 데카르트였다.

## 파리를 관찰하다

침대에 누워있던 데카르트는 파리가 머리 위를 윙윙거리며 이리저리 돌아다니는 것을 보고 있었다. 그러다 문득 파리가 어느 위치에 있는지 가리키려면 세 개의 수만 있으면 된다는 것을 깨닫게 되었다. 이것이 바로 직교 좌표계가 탄생하게 된 모티브다(물론 전설처럼 전해 오는 이야기다).

먼저 2차원의 평면에서 좌표를 설정하는 법을 알아보자. 평면 위의 한 점(P)의 위치를 표시하려면 우선 다른 한 점, 즉 원점이 필요하다. 이 원점을 지나는 두 개의 직선을 서로 수직하도록 그린다. 이 두 직선은 각각 $x$축과 $y$축이라고 불린다. 이제 점 P의 위치를 알려면 원점으로부터 $x$축으로 얼마나 떨어져 있고, 원점으로부터 $y$축으로 얼마나 떨어져 있는지를 알면 된다. 그 거리를 각각 $x, y$라고 하면 점 P의 위치는 $(x, y)$로 표시할 수 있다. 그렇기 때문에 $(3, 1)$과 $(1, 3)$은 서로 다른 위치에 있는 점이다(옆의 그림 참조).

## 3차원에서의 좌표 표시

데카르트는 파리의 움직임을 보면서, 평면 위에 있지 않은 점을 표시하려면 세 번째 숫자가 필요하다는 것을 깨달았다.

그래서 $x$축 및 $y$축과 직각을 이루고 원점으로부터 위쪽으로 솟아오르는 축을 하나 더 설정했는데, 그것은 $z$축이라고

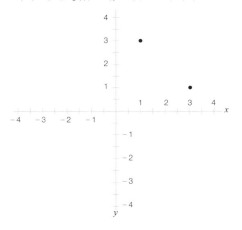

불린다. 이제 공간에 있는 한 점의 위치는 세 개의 숫자 $(x, y, z)$로 표시할 수 있게 되었다.

점의 위치를 표시하기 위해 사용되는 좌표의 숫자 개수는 차원의 수와 같다는 것을 알 수 있다. 즉 평면에 있는 점은 $(x, y)$로 표시되기 때문에 평면은 2차원이고, 공간에 있는 점은 $(x, y, z)$로 표시되기 때문에 공간은 3차원이 된다. 또 직선 위에 있는 한 점을 표시하려면 원점에서 그 점까지의 거리 $x$만 알면 되기

때문에 직선은 1차원이 되는 것이다.

## 부록, 그 이상

데카르트는 자신이 창안한 이 좌표계에 관한 내용을 《기하학》에 처음 발표했는데, 이 책은 《방법서설》의 부록으로 출간된 것이었다. 하지만 그것이 수학에 미친 영향은 '부록, 그 이상'이었다. 직교 좌표계는 이전까지의 수학을 완전히 바꿔놓았다. 기하학과 대수학은 더 이상 별개 분야가 아니라 서로 밀접히 연결되었다. 모든 도형을 대수적으로 표현할 수 있게 됨에 따라 기하학은 다이어그램에서 해방되었다. 마찬가지로 대수적인 표현들은 기하학적 형식과 의미를 부여받게 되었다.

예를 들어 2차원의 평면에서 $x$와 $y$를 포함하는 방정식은 직선이 된다. 이를테면 $x+y=1$은 점 $(0, 1)$과 $(1, 0)$을 지나는 직선이다. 또 $x^2+y^2=1$은 원점으로부터의 거리가 항상 1인 점들의 모임이라는 뜻이다. 즉 원점을 중심으로 하고 반지름이 1인 원이 된다. 이것을 $x, y, z$를 가진 3차원 공간으로 확대하면 방정식 $x^2+y^2+z^2=1$은 원점으로부터 거리가 항상 1인 점들의 모임, 즉 반지름이 1인 구의 표면을 뜻한다.

## 페르마의 마지막 정리

데카르트가 독자적인 좌표계를 발전시켜 가고 있을 때 피에르 드 페르마Pierre de Fermat(1601~1665)도 자신이 고안한 좌표계를 통해 곡선의 기하학을 탐구하고 있었다. 페르마도 좌표축이라는 아이디어를

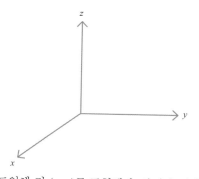

도입해 점 $(x, y)$를 표현했다. 하지만 데카르트의 좌표축이 서로 직교하는 것과는 달리 페르마의 축은 서로 기울어져 있었다. 그래서 두 사람이 비슷한 시기에 좌표계라는 아이디어를 독창적으로 발견했음에도 불구하고 좌표축에 대한 공헌은 데카르트에게로 돌아갔다. 대신 페르마는 정수론에서 이름을 떨친다. 특히 그의 이름을 딴 '마지막 정리Fermat's Last Theorem'는 오랫동안 수학자들의 난제로 남아 있었다.

'페르마의 마지막 정리'란 무엇인가? 우리는 피타고라스 정리로부터 $x^2+y^2=z^2$을 만족하는 정수가 존재한다는 것을 알고 있다. 예를 들어 $3^2+4^2=5^2$, 혹은 $5^2+12^2=13^2$ 같은 것들을 들 수 있다. 그런데 페르마는 $x^2+y^2=z^2$이라는 방정식을 만족시키는 정수가 존재하기 위해서는 $x, y, z$의 차수가 2를 넘어서는 안 된다고 했다. 다시 말하면 $x^n+y^n=z^n$에서 $n$이 2보다 크면($n > 2$이면) 이 식을 만족시키는 정수 값은 존재하지 않는다는 것이다. 이것이 페르마의 정리인데, 그는 이 정리에 대한 증명을 남겨 놓지 않았다. 그래서 이후 많은 수학자들이 이를 증명하기 위해 도전했으나 300년이 넘도록 실패만 거듭했다. 그러다 1994년 영국의 수학자 앤드루 와일스Andrew Wiles가 마침내 성공을 했다. 와일스는 기하학적 방식을 통해 이를 증명했는데, 데카르트의 좌표계가 결국 큰 기여를 한 셈이다.

# 4차원 도형 그리기

## 문제

SF 작가인 허버트 조지 웰스Herbert George Wells는 "우리는 왜 우리 자신을 3차원 속에만 가두어두려고 하는가"라고 말했다. 마찬가지로 기하학도 3차원을 넘어 4차원, 5차원 등으로 계속 확장할 필요가 있지 않을까? 우리가 사는 3차원의 현실 세계에서는 4차원 도형을 작도해 낼 수가 없다. 하지만 수학의 세계에서는 4차원의 도형을 그려 낼 수 있지 않을까? 4차원의 큐브를 그리는 방법을 생각해 보자.

## 방법

직교 좌표계를 이용하면 평면에 있는 대상의 위치를 정확히 표시할 수 있다. 예를 들어 한 변의 길이가 1인 정사각형이 있다고 해 보자. 이 정사각형의 꼭짓점 가운데 하나를 좌표축의 원점, 즉 (0, 0)에 놓자. 그러면 나머지 세 꼭짓점은 (0, 1), (1, 0) (1, 1)로 나타낼 수 있다.

이제 새로운 좌표축을 하나 더 만들어 보자. 즉 $x$축, $y$축에 이어 $z$축을 추가하는 것이다. 물론 이 세 축은 서로 직각으로 교차한다. 이 세 좌표축을 이용하면 정6면체를 좌표로 나타낼 수 있다. 2차원 평면에서 정사각형의 좌표를 설정했던 것과 같은 방식으로 정6면체의 여섯 개 면에 대해 위치를 부여하면 된다. 마찬가지로 1차원의 직선(선분)도 좌표로 표시할 수 있는데, 이 경우에는 좌표축이 하나만 필요하다. 즉 길이가 1인 선분의 좌표를 표시하려면 출발점을 (0)에 두고 끝나는 점의 위치를 (1)이라고 하면 되는 것이다. 이렇게 해서 우리는 선분과 정사각형, 정6면체를 모두 좌표계에 나타내는 방법을 알게 되었다.

우리는 앞에서 점의 위치

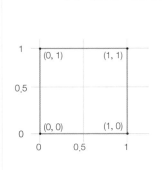

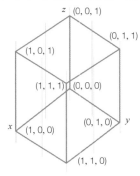

| 차원 | 꼭짓점의 개수 | 좌표 |
|---|---|---|
| 1 | 2 | (0) (1) |
| 2 | 4 | (0, 0) (0, 1) (1, 0) (1, 1) |
| 3 | 8 | (0, 0, 0) |
| | | (0, 0, 1) |
| | | (0, 1, 0) |
| | | (0, 1, 1) |
| | | (1, 0, 0) |
| | | (1, 0, 1) |
| | | (1, 1, 0) |
| | | (1, 1, 1) |

를 표시하는 데 필요한 좌표의 숫자 개수가 바로 차원의 수와 같다는 것을 알았다. 즉 2차원 평면 위의 점을 표시하려면 두 개의 좌표가 필요하고 3차원 공간의 한 점에는 세 개의 좌표가 필요하다. 따라서 차원이 늘어나면 현재의 좌표에 또 다른 좌표를 하나 더 추가하면 된다는 것을 알 수 있다. 예를 들어 한 변의 길이가 1인 2차원의 정사각형을 3차원으로 정6면체로 확장하고자 할 때 2차원의 한 점 (0, 0)은 (0, 0, 0)과 (0, 0, 1)의 두 개로 확장된다. (0, 0, 0)은 2차원의 (0, 0)과 같은 원점이고, (0, 0, 1)은 원점에 z축의 좌표를 하나 더 추가한 것이다. 따라서 우리는 새로운 차원이 도입될 때마다 꼭짓점의 개수는 두 배로 늘어난다고 결론지을 수 있다.

그러면 3차원의 정6면체를 4차원으로 확장하면 어떻게 될까? 차원이 하나 늘 때마다 꼭짓점 수가 두 배가 되므로 4차원 도형의 꼭짓점은 16개가 된다는 것을 알 수 있다. 또 이 4차원 도형의 각 꼭짓점은 새로 도입된 축에 0과 1을 하나씩 덧붙이면 된다. 이를 좌표로 표시하면 오른쪽과 같다.

(0, 0, 0, 0)
(0, 0, 0, 1)
(0, 0, 1, 0)
(0, 0, 1, 1)
(0, 1, 0, 0)
(0, 1, 0, 1)
(0, 1, 1, 0)
(0, 1, 1, 1)
(1, 0, 0, 0)
(1, 0, 0, 1)
(1, 0, 1, 0)
(1, 0, 1, 1)
(1, 1, 0, 0)
(1, 1, 0, 1)
(1, 1, 1, 0)
(1, 1, 1, 1)

## 해답

이 가상의 4차원 정6면체를 초입방체tesseract, 혹은 하이퍼큐브hypercube라고 부른다. 이 도형은 현실에서는 만들 수 없지만 전개도의 이미지를 만들어 낼 수는 있다. 살바도르 달리는 이 4차원 입체 도형의 전개도를 이용해 1954년 〈십자가에 못 박힌 예수 초입방체Christus Hypercubus〉라는 작품을 만들어 화제를 모았다.

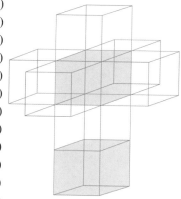

# 구 표면의 좌표

직교 좌표계를 이용하면 3차원 공간을 너머 4차원의 정6면체(초입방체)도 상상할 수 있다는 것을 배웠다(→ pp.90~91). 이 좌표계의 개념은 이제 우리 생활 곳곳에 스며들어 있다. 환자의 체온이 시간대에 따라 어떻게 변동하는지를 살펴볼 때나, 디지털 카메라에서 수평을 찾을 때 등에도 좌표계의 원리가 응용된다. 그런데 이러한 응용들은 모두 우리가 평평한 평면에 있다는 것을 전제하고 있다. 그러나 지구처럼, 둥근 구체의 표면에서는 직교 좌표계를 어떻게 적용해야 할까?

## 구체에서 위치 정하기

지구 위의 어떤 위치를 정하는 데도 두 개의 좌표가 사용된다. (편의상 여기서는 지구가 완전한 구형이라고 가정하자.) 하지만 그 두 좌표는 $x$축, $y$축을 따라 정해지는 것이 아니라 경도와 위도로 표시된다.

경도는 어떤 대상이 주어진 한 선, 즉 본초자오선prime meridian을 기준으로 동쪽이나 서쪽으로 얼마나 멀리 떨어져 있는지를 나타낸다. 따라서 경도선은 아래 그림에서 보듯이 지구 중심을 원의 중심으로 삼는 대원great circle이라고 할 수 있다.

모든 대원은 구를 딱 절반으로 나눈다. 또한 구의 표면에 있는 두 점을 연결하는 대원은 오직 하나만 존재한다(평면에서 두 점을 연결하는 직선이 오직 하나만 존재하듯이 말이다).

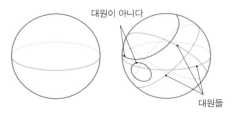

대원이 아니다

대원들

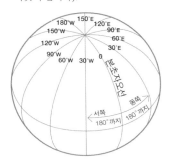

반면 위도선은 경도선과 마찬가지로 지구 표면을 지나는 원의 형태를 띠지만 적도를 제외하면 대원은 없다. 이 대원, 즉 적도를 따라 남쪽과 북쪽으로 얼마나 떨어져 있느냐를 나타내는 것이 위도다. 옛날의 탐험가나 항해사들은 태양이 수평선으로부터 어느 정도의 각을 이루고 있느냐를 측정해 자신의 위치를 가늠했다. 태양은 위도선을 거치면서 움직이기 때문에 이 각도가 바로 자신이 있는 위도를 나타냈던 것이다. 그래서 이들은 태양의 각도를 재기 위해 항상 육분의를 갖추고 있었다.

위도와 달리 경도를 측정하는 것은 훨씬 까다롭다. 탐험가나 항해사들은 경도 때문에 자주 골치를 썩곤 했다. 이들은 결국 일출과 일몰, 별과 달의 운동을

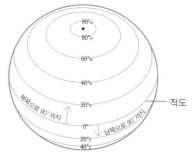

▲ 위도는 춘분이나 추분 때 태양과 땅이 이루는 각을 나타낸다.

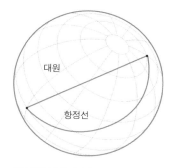

▲ 항정선은 목표 지점을 향해 나침반의 방향을 일정하게 고정시켜 놓은 상태에서 경로를 따라갈 때 나타나는 선이다.

면밀히 관찰함으로써 이 난제에 대처했다. 항해를 떠나기 전에 출발지의 시각을 정확히 맞춘 다음 이 시각과 항해 도중에 만나는 곳의 시각을 비교함으로써 경도를 계산하기도 했다. 그러다 1736년에 존 해리슨John Harrison이 머린 크로노미터marine chronometer(경선의經線儀라고도 한다)를 발명함으로써 경도를 측정하는 문제에서 신기원을 이루게 되었다. 그 이전까지는 부정확한 경도 계산 탓에 난파를 당해 바다에서 목숨을 잃는 경우가 허다했다. 물론 오늘날에는 위성 항법 장치(GPS)가 등장한 결과 육분의나 머린 크로노미터가 쓸모 없게 되었다.

## 항정선 RHUMB LINE

지구에서 여행할 때, 두 지점을 잇는 대원을 따라 경로를 잡고 계속해서 나아가면 어떻게 될까? 이론적으로 보자면 결국에는 처음 출발한 지점으로 다시 돌아오게 될 것이다. 그런데 이번에는 목적지가 출발 지점으로부터 동쪽에 자리 잡고 있고, 위도선과 항상 일정한 각도를 이루면서 나아간다고 해 보자. (여기서는 출발지와 목적지가 모두 적도를 뺀 북반구에 있다고 설정한다.) 그러면 이 경로는 대원을 그리지

않게 된다. 이처럼 나침반을 특정한 각도(이것을 '타각compass bearing'이라고 한다)로 정해 놓고 일정한 방향을 따라 나아갈 때 그 경로가 지구 표면에 그리는 선을 '항정선航程線'이라고 한다.

대원을 따라갈 때와는 달리 항정선을 따라 계속 나아가게 되면 출발지로 되돌아오지 않고, 극점(여기서는 북극점)과 만나게 된다. 위도선과 항상 같은 각도를 유지하기 때문에 점점 나선 모양으로 휘어지기 때문이다. 이것은 경도선들이 극으로 갈수록 간격이 좁아지면서 생기는 현상이다. 아래 그림은 북극에서 내려다본 항정선의 모양이다.

구 표면의 좌표    93

# 비행 경로 찾기

## 문제

세일라는 뉴욕에서 로마로 가는 비행기를 타고 있다. 장시간 여행의 지루함을 달래기 위해 승무원에게 커피 한 잔을 갖다 달라고 부탁한 다음 느긋하게 의자에 등을 기댔다. 그녀는 비행기가 어떤 경로로 가는지를 알아보기 위해 앞좌석에 붙은 화면을 켰다. 그런데 화면에 나타난 비행 경로는 가장 빠른 지름길을 택하지 않고 있는 것으로 보였다. 의아해진 세일라는 기내 잡지를 꺼내 지도를 펼쳐보았다. 아무리 보아도 뉴욕에서 로마로 가려면 동쪽으로 곧장 가야 할 것 같았다. 하지만 화면에 나타난 바로는 항로를 북쪽으로 잡고 있는 것이 분명했다. 왜 이런 일이 일어났을까? 혹시 비행기 조종사가 졸고 있는 것이 아닐까? 세일라는 불안해졌다. 여러분은 어떻게 생각하는가? 어디에 문제가 있는 것일까?

## 방법

세일라가 탄 비행기에 지금 무슨 일이 일어나고 있는지를 알아보기 위해 간단한 모델을 만들어 살펴보자. 지구의 반지름을 1이라고 하고 위도가 북위 45°인 지점에서 출발해 여행을 떠난다고 하자. 목적지는 출발지와 위도는 같지만 지구를 180° 회전한 곳이다.

다음의 그림에서 출발지는 A이고 목적지는 B다. A와 B는 모두 위도가 같다. 비행기가 정확히 동쪽으로(혹은 서쪽으로) 날아 B로 갈 때, 비행기가 여행하는 거리는 점 C가 중심인 원 둘레의 절반이라고 할 수 있다. 이 원의 반지름 r은 ΔOAC에 피타고라스 정리를 적용하면

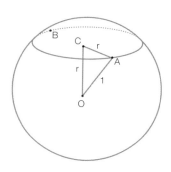

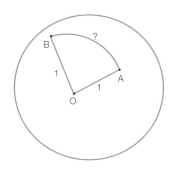

구할 수 있다. 여기서 O는 지구의 중심
이다. ∠COA = ∠OAC이기 때문에
ΔOAC는 직각이등변삼각형이다. 따라
서 아래와 같은 식이 성립한다.

$$r^2 + r^2 = 1^2$$
$$2r^2 = 1$$
$$r = \frac{1}{\sqrt{2}}$$

이 원의 원주는 $2\pi$ r, 즉 $2\pi\left(\frac{1}{\sqrt{2}}\right)$이 된
다. 따라서 이 원주의 절반은 $\frac{\pi}{\sqrt{2}}$다.

A에서 B로 갈 수 있는 다른 항로는 A
와 B를 지나는 대원을 지나는 것이다.
이 경로는 대원 위의 원호 AB가 된다.
그런데 이 원호는 대원의 중심과 직각을
이루기 때문에 대원 전체 둘레(원주)의 4
분의 1이라고 할 수 있다. 대원의 반지름
은 1이기 때문에 대원의 둘레는 $2\pi$다.
따라서 그것의 4분의 1은 $\frac{\pi}{2}$가 된다. $\sqrt{2}$
$< 2$이므로 $\frac{\pi}{\sqrt{2}} > \frac{\pi}{2}$이다(작은 수로 나누는 것
이 더 크기 때문이다).

결국 이 경우에는, 대원을 따라서 항
로를 정하는 것이 동쪽을 향해서 가는
것보다 훨씬 짧다는 것을 알 수 있다.

같은 위도에 있는 두 점을 잇는 경로
는 위의 경우처럼 대원을 따라가는 것이
효율적이다. 두 점을 잇는 대원을 따라
가는 거리가 같은 위도에 있는 두 점을
잇는 거리보다 더 짧다는 말이다. (물론 이
때 두 점은 적도 위에 있지 않아야 한다. 왜냐하면
적도는 대원이기 때문이다.) 실제로 지구 표
면의 어떤 두 점에 대해서도, 두 점을 연
결하는 대원이 거리가 가장 짧다.

### 해답
비행기 조종사는 뉴욕과 로마를 잇는 대
원이 가장 짧은 경로이기 때문에 이 항
로를 따라 운항을 하고 있는 중이다. 세
일라가 걱정하듯이 비행을 하다 졸고 있
는 것이 아닌 것이다. 세일라는 느긋하
게 커피를 마시면 비행기가 안전하게 로
마까지 데려다 줄 것이다.

# 카를 프리드리히 가우스 CARL FRIEDRICH GAUSS

가우스는 독일의 수학자이자 과학자다. 그는 수학을 '과학의 여왕'이라고 불렀다. 그래서 사람들은 그를 '수학의 왕자'라고 칭하기도 한다. 그는 기하학을 비롯해 수학과 과학 분야에서 탁월한 아이디어를 엄청나게 많이 내놓았다.

가우스는 유클리드 기하학의 한계를 깨닫고 곡면과 다차원에서 성립하는 새로운 기하학을 발전시켰다. 그가 새로운 기하학을 내놓게 된 것은 지구 표면처럼 휘어진 곡면에서는 두 개의 평행선이 서로 만날 수 있다는 사실에 착안을 했기 때문이다. 예를 들어 경도선은 적도에서는 서로 평행하지만 양극에 이르면 서로 만난다.

## 가우스의 생애

가우스는 1777년 독일의 브룬스비크에서 태어났다. 부모는 가난하고 무학자였으며 아버지는 석공이었다. 가우스가 어릴 때부터 두각을 나타내자 브룬스비크

공작이 눈여겨보았고 결국 가우스가 마음놓고 공부할 수 있도록 적극적으로 후원해 주었다. 가우스는 학창 시절에도 이미 수학적으로 중요한 발견을 여러 개나 발표했다.

24세 때인 1801년 《산술 연구》를 발간해 수학계에 이름을 크게 떨쳤다. 또한 소행성인 세레스Ceres의 궤도를 계산하는 데 성공해 천문학자들을 놀라게 했다. 세레스는 이탈리아 천문학자인 주세페 피아치Giusepp Piazzi(1746~1826)가 발견한 것인데, 피아치가 관측한 결과를 토대로 가우스가 그 소행성이 어떤 궤도를 그릴지를 예측했던 것이다. 이 궤도를 예측하기 위해서 도입한 것이 '가우스 분포Gauss distribution'라고 불리는 통계 방법이었다.

1807년 후원자였던 공작이 세상을 떠나자 가우스는 괴팅겐 천문대 소장에 임명되었다. 이듬해 그는 헬리오트로프heliotrope라는 기구를 발명했다. 이것은 거울을 이용해 태양빛을 먼 거리까지 반사시키는 장치로, 하노버 지역의 지형을 측정하기 위해서 고안되었다. 이때의 경험 덕분에 비유클리드 기하학에 관한 아이디어를 발전시킬 수 있었다. 하지만 가우스는 비유클리드 기하학에 관한 생각을 책으로 정리해 발표하지는 않았다. 유클리드 기하학을 굳건히 고수하는 수학자들

◀ 가우스가 발명한 헬리오트로프. 그리스어로 '태양'을 뜻하는 helios와 '방향을 돌린다'는 뜻하는 tropos에서 따 온 말이다.

을 자극해서 논쟁에 휘말리고 싶지는 않았기 때문이었다. 그러나 헝가리의 야노시 보여이Janos Bolyai와 러시아의 니콜라이 로바쳅스키(→ p.100)가 비유클리드 기하학에 관한 책을 잇달아 펴내자 가우스는 그 이론들이 자신의 아이디어라고 주장했다.

가우스는 천문대 소장으로 일하는 동안 수학과 과학 분야에서 다양한 아이디어들을 내놓았다. 그러나 그는 완벽주의자여서 웬만해서는 책으로 묶어 출간하려고 하지 않았다. 그래서 그가 남긴 저작은 별로 많지가 않다. 가우스는 1855년 괴팅겐에서 생을 마감했다.

## 가우스의 이름을 딴 것들

- 물리학에서 정전기와 관련된 가우스의 법칙.
- 자기장의 크기를 재는 단위인 가우스 G. 지구의 자기장 크기는 0.31~0.58가우스다.
- 자성체에서 자기를 제거하는 것을 뜻하는 디가우싱degaussing.
- 가우스 사상Gauss map은 곡면 위의 한 점을 단위 구면으로 옮기는 방법에 관한 것이다.
- 가우스 곡률Gauss curvature은 곡면이 어느 정도나 굽어 있는지를 나타낸다.
- 독일 최초의 남극 탐험선인 가우스호는 1901~1903년 남극을 탐험하면서 사화산을 발견하는데, 그 화산에 가우스베르크Gaussberg라는 이름을 붙였다.
- 소행성 이름인 가우시아Gaussia.
- 독일에 있는 관측탑 이름인 가우스 타워.
- 통계학에서 가우스 분포는 종 모양을 한 정상 분포를 뜻한다.
- 가우스 정수는 복소수에서 실수 부분과 허수 부분이 모두 정수인 수를 가리킨다.

- 가우스 상수는 1과 $\sqrt{2}$의 산술 기하 평균값의 역수다.
- 컴퓨터 소프트웨어인 가우스는 선과 면을 3D로 구현한다.

## 수학 신동

가우스는 세 살 때 읽기를 깨쳤고 어려운 계산을 척척 해냈다. 이때 벌써 아버지 장부에 적힌 복잡한 계산들을 보고 잘못된 것을 바로잡기도 했다. 초등학교에 갓 들어갔을 때 선생님이 학생들에게 1에서 100까지 모두 더해 보라고 시켰다. 그러자 몇 분도 안 돼 가우스가 답은 5050이라고 했다. 등차급수의 공식을 직관적으로 생각해냈던 것이다(1에서 100까지의 합은 1+100, 2+99, 3+97…과 같은 형태가 50개이므로 101×50=5050이 된다). 그는 암산에서도 타의 추종을 불허하는 실력을 보였다. 가우스는 19세 때 자와 컴퍼스만을 이용해서 정17면체를 작도하는 방법을 발견했다. 유클리드 이후 어떤 수학자도 해내지 못한 것을 열아홉 살에 이룬 것이다.

## 문제

크리스토퍼는 곰 사냥을 하고 있다. 그는 텐트를 뒤로 하고 남쪽 방향으로 직선거리를 30분 걸었다. 그다음 왼쪽을 향해 직각으로 방향을 틀고 다시 직선거리를 30분 걸어갔다. 거기서 다시 왼쪽을 향해 직각으로 방향을 틀고 직선거리를 30분 걸었더니 처음 떠났던 텐트가 나타났다. 그렇게 걷는 동안 곰 한 마리가 크리스토퍼를 줄곧 지켜보고 있었는데, 그렇다면 그 곰은 어떤 색을 띠고 있을까?

## 방법

그 곰은 흰색임이 분명하다. 왜냐하면 크리스토퍼가 걸어간 여정을 살펴보면 그가 지금 있는 곳은 북극이기 때문이다. 북극곰은 흰색이다! 그렇다면 어떻게 크리스토퍼가 북극에 있다는 것을 알 수 있는가? 문제를 읽어 보면 서로 다른 방향으로 직선거리를 세 번 걸어간 다음 처음 출발했던 지점으로 되돌아왔다. 따라서 그는 삼각형의 세 변을 따라서 걸었다고 할 수 있다. 그런데 그는 90° 각도로 방향을 두 번 틀었다. 어떻게 그럴 수가 있을까? 삼각형은 세 각의 합이 180°이기 때문에 두 각만으로 180°가 될 수는 없는 것이다. 이것을 어떻게 설명할 수 있을까?

이를 풀기 위해 먼저 삼각형의 세 각의 합은 왜 $180°$인지에 대해 알아보자. 아래 그림과 같이 선분 AB를 밑변으로 하는 삼각형을 그린 다음, 직선 AB에 평행하면서 점 C를 지나는 직선을 그어 보자.

비유클리드 기하학에 대한 자세한 설명은 pp.100~101을 보라.

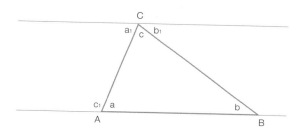

두 직선이 평행하기 때문에 각 a와 각 $a_1$은 같고, 각 b와 $b_1$도 같다. 그런데 직선은 각이 $180°$이기 때문에 그림에서 각 $a_1 + c + b_1 = 180°$다. $a_1 = a$, $b_1 = b$이기 때문에 $a_1$, $b_1$ 대신 a와 b를 대입하면 $a + b + c = 180°$가 성립한다. 즉 삼각형의 세 각의 합은 $180°$가 된다는 것을 알 수 있다.

그러나 이 추론 과정은 평면 위의 삼각형에서만 성립한다. 구의 표면과 같은 굽은 평면, 즉 곡면에서는 전혀 다른 일이 일어나는 것이다. 위의 그림에서 삼각형의 밑변 AB가 적도 위에 놓여 있다고 상상해 보자. 그래도 우리는 선을 그어서 삼각형을 그릴 수는 있을 것이다. 하지만 밑변 AB가 적도를 지나는 대원(→ p.92) 위에 있기 때문에 AB에 평행하고 점 C를 지나는 선은 위도를 나타내는 선과 같다고 할 수 있다. 이것은 실제로 각 a는 $a_1$보다 크고, 각 b는 $b_1$보다 크다는 것을 뜻한다. 따라서 $a_1$과 $b_1$, $c_1$을 모두 합한 각은 여전히 직선 위의 각이므로 $180°$이지만, a와 b가 각각 $a_1$, $b_1$보다 크기 때문에 $a + b + c$, 즉 삼각형의 세 각의 합은 $180°$보다 커지게 된다.

## 해답

평면 위에 있는 삼각형은 $180°$다. 그러나 구의 표면에 그린 삼각형은 세 각의 합이 $180°$보다 더 클 수가 있다. 이런 사실은 유클리드 기하학의 근본 원칙을 뒤흔들었고, 새로운 기하학, 즉 비유클리드 기하학을 탄생시키는 계기가 되었다.

곰 사냥하기

# 니콜라이 로바쳅스키 NIKOLAI LOBACHEVSKY

로바쳅스키는 러시아의 수학자로 '기하학의 코페르니쿠스'라고 불리기도 한다. 그가 1829년 발표한 논문이 '비유클리드 기하학'으로 가는 길을 열었다고 평가받기 때문이다. 그는 이 논문에서 비유클리드 기하학에서는 유클리드의 다섯 번째 공리 — 한 직선과 점이 주어질 때, 그 점을 지나면서 주어진 직선과 평행한 직선은 오직 하나만 존재한다 — 가 더 이상 성립하지 않는다는 것을 보여 주었다. 로바쳅스키는 휘어진 평면, 즉 곡면에서의 기하학을 탐구했는데, 곡면에서는 유클리드 공리와는 달리 한 점을 지나면서 주어진 직선과 평행한 선은 서로 만나거나 멀리 멀어진다는 것이었다. 헝가리의 수학자 야노시 보여이도 로바쳅스키와 비슷한 시기에 비유클리드 기하학을 발전시켰는데, 두 사람은 서로 전혀 모르는 사이였다.

로바쳅스키의 탁월했던 점은 한 점을 지나면서 주어진 직선에 평행한 직선은 하나 이상 작도할 수 있다고 생각했던 것이었다. 이 기발한 아이디어는 삼각형의 세 각의 합은 반드시 180°일 필요가 없다는 결론으로 이어졌다.

그런데 주목할 점은 로바쳅스키가 이런 제안을 하기 30년 전에 이미 가우스도 이런 생각을 했지만 책으로 출간하지는 않았다는 사실이다. 그래서 로바쳅스키와 보여이가 비유클리드 기하학 이론을 내놓았을 때 가우스는 그 이론은 자신의 연구로부터 영향을 받은 것이 분명하다고 주장했다. 한편 야노시 보여이는 간발의 차이로 로바쳅스키라는 사람이 자기보다 앞서 논문을 발표한 것을 알고서는, 가우스가 '로바쳅스키'라는 가명으로 그 논문을 발표했다고 생각했다. 가우스가 자신에게서 발견의 영예를 빼앗기 위해 그런 술수를 부렸다고 믿었던 것이다.

로바쳅스키(1792~1856)는 카잔대학교를 졸업한 뒤 같은 대학에서 교수로 재직하면서 수학과 물리, 천문학을 가르쳤다. 그는 결혼해서 자녀를 15명이나 두었으나 세 명을 제외하고는 대부분 어릴 때 일찍 죽고 말았다. 그는 건강이 악화되어 1846년 교수직에서 물러난 뒤 가난에 시달리다 1856년 세상을 떠났다. 로바쳅스키의 주요 업적은 비유클리드 기하학을 창안한 것이다. 그는 이 주제를 가지고 강연을 했으며 1829년 〈기하학의 기초에 관한 개괄적 연구〉라는 논문으로 정리해 발표했다. 이어 1835년 《기하학의 새로운 기초》를 내놓았다. 이보다 약 30년 전에 로바쳅스키와 비슷한 아이디어를 품고 있었던 가우스는 그것을 세상에 내놓으면 대단한 스캔들이 일어날 것을 우려해 논문이나 책으로 발표하지 않았으나, 막상 로바쳅스키의 논문이 발표되자 별 반향이 없었다. 그러나 시간이 지나면서 비유클리드 기하학은 혁명적인 아이디어라는 것이 명확해졌고, 기하학에 엄청난 영향을 미치게 되었다.

# 윌리엄 해밀턴
## WILLIAM HAMILTON

윌리엄 해밀턴(1805~1865)은 아일랜드의 수학자, 물리학자, 천문학자로 특히 역학과 대수의 발전에 큰 기여를 했다. 그는 다섯 살에 라틴어와 고대 그리스어, 히브리어를 읽었다고 한다. 21세에는 더블린의 트리니티컬리지 천문학 교수가 되었다.

1843년 해밀턴은 더블린의 왕립 운하를 산책하고 있었다. 그때 불현듯 '사원수 quaternions'(실수 성분 하나와 허수 성분 세 개로 이루어진 수)에 관한 아이디어가 떠올랐는데, 마침 이를 적어 둘 만한 종이와 필기구가 없었다. 그래서 그는 근처 브로엄 다리 난간에 칼로 급하게 사원수의 간단한 수식을 새겨 놓았다. 그리고 이렇게 덧붙였다. "이곳에서 4차원에 대한 새로운 아이디어가 불꽃처럼 나에게 다가왔다."

기하학이 현실 세계를 묘사해야만 한다는 믿음을 가지고 있는 한 4차원에 대한 아이디어가 나오기는 불가능했다. 그런데 기하학이 대수로 표현되고, 특히 복소수(음수의 제곱근)를 받아들임으로써 현실을 넘어서는 보다 복잡한 아이디어를 나타내는 것이 가능해졌다. 사실 가우스는 복소수를 평면 위의 한 점으로 해석하는 방법을 내놓았다. 그런데 해밀턴은 가우스의 이 생각을

더욱 발전시켜 복소수를 이용해 '4차원 대수'를 발견했던 것이다. 이 4차원 대수를 이루는 것이 바로 '사원수'다. 사원수는 오늘날 컴퓨터 그래픽에서 그래픽의 회전을 표현하는 데 필수적이다.

## 해밀턴의 게임

해밀턴은 1857년 게임 하나를 고안했다. 그 게임의 목표는 정12각형의 각 꼭짓점과 모서리를 단 한 번만 거치면서 전체 모서리를 다 돌아 처음 위치로 되돌아와야 하는 것이다. 이 게임은 상업용으로 만들어져 유럽에서 팔렸다. 정12각형 모형의 각 꼭짓점에 구멍을 판 페그보드와, 숫자가 새겨진 마개로 이루어져 있었다. 해밀턴은 이 게임에 대한 권리를 25파운드에 팔아넘겼다. '세계 일주A Voyage Around the World'라는 이름이 붙은 이 게임을 전문으로 하는 오락장과 여행용 버전이 만들어져 팔리기도 했다. 그러나 상업적으로 성공하지는 못했는데, 몇 번 시행착오를 반복하다 보면 웬만하면 누구나 쉽게 답을 알게 돼 버렸기 때문이다.

이 게임처럼 모든 꼭짓점과 모서리를 단 한번씩만 거치면서 원래 위치로 돌아오는 것을 '해밀턴의 회로Hamilton's circuit'라고 부른다. 플라톤의 정다면체 다섯 개는 모두 평면에 그래프로 나타낼 수 있고, 이들은 각각 '해밀턴 회로'를 갖는다.

# 대칭성과 타일링

종이접기나 나비의 날개, 혹은 호랑이의 몸에 나 있는 무늬의
모양 등에서 우리는 일상적으로 대칭적인 것들을 보거나
만들어 내는 경험을 하고 있다. 수학에서도 대칭성은 매우
중요하게 다루어지는데, 그것은 단순히 디자인적인 아름다움을
넘어서 우주의 개념에 관한 본질에까지 닿아 있다.

# 테셀레이션 TESSELLATION

세계적으로 유명한 스페인의 알함브라 궁전은 아름다울 뿐 아니라 수학자들에게 많은 영감을 제공하는 건축물이다. 이슬람에서는 전통적으로 살아있는 것의 묘사를 금했기 때문에 알함브라 궁전의 예술가들은 자와 컴퍼스만을 이용해 독창적인 기하학적 무늬를 다양하게 만들어 냈다. 특히 대칭성을 지닌 무늬들이 매우 다채롭게 발달했다.

## 단순한 타일링

우리는 주변에서 정삼각형이나 정사각형, 정오각형 같은 도형들이 반복적으로 사용된 무늬들을 많이 접한다. 같은 정다각형이 연속적으로 이어진 무늬들은 틈새가 없고 서로 겹치지 않으면서 이음새가 딱 들어맞는다.

이처럼 평면에서 어떤 도형의 모양이 틈이나 포개짐이 없이 어느 방향으로나 한없이 뻗어져 나가는 무늬 패턴을 '테셀레이션(타일링이라고도 한다)'이라고 한다.

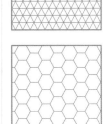

벌은 정육각형을 이용하면 테셀레이션을 만들 수 있다는 것을 본능적으로 알고 있다. (물론 벌이 그렇게 하는 것은 미학적인 이유에서라기보다는 튼튼한 벌집을 지으려는 실용적 목적이 더 크다.)

정육각형은 테셀레이션을 만들 수 있는 정다각형 중 면적이 가장 넓다. 면적으로 따지면 원이 더 크겠지만 원으로는 테셀레이션을 만들 수가 없다.

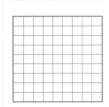

## 정오각형 타일링

주위를 아무리 둘러봐도 정오각형으로 된 테셀레이션은 발견할 수 없을 것이다. 왜 그럴까? 테셀레이션을 잘 살펴보자. 테셀레이션을 이루는 정다각형들은 하나의 꼭짓점에서 만나고 그 꼭짓점에서 형성되는 각을 모두 합하면 360°가 되어야 한다는 것을 알 수 있다. 예컨대 정사각형으로 이루어진 테셀레이션에서는 정사각형들이 만나는 꼭짓점에서 각각 90°인 4개의 각이 형성된다. 또한 정삼각형의 테셀레이션에서는 그들이 서로 만나는 꼭짓점에서 각각 60°인 6개의 각이 만들어진다. 정육각형일 경우에는 3개의 각이 형성되고 하나의 각은 120°씩이다. 이처럼 어떤 정다각형이 테셀레이션을 이룰 때 이들의 내각은 360°의 약수가 되어야 한다.

그렇다면 정오각형의 내각은 얼마일까? 이를 계산하기 위해 먼저 정오각형의 외각이 얼마인지부터 알아보자. (외각은 다각형의 각 변을 연장했을 때 그 연장선과 다각형의 변이 이루는 각을 말한다. 내각과 외각에 대해서는 다음 페이지의 위 그림 참조.) 개미 한 마리가 정오각형의 변을 따라 시계 방향으로 한 바퀴 돈다고 상상해 보자. 개미는 각 꼭짓점에 다다를 때마다 정오각형의 외각을 지나게 된다. 이 개미가 한 바퀴를 다 돌고 처음 위치로 되돌아오면 360°를 회전한 것과 같다. 그리고 정오각형의 외각의 크기는 모두 같기 때문에 정오각형의 외각의 크기는 360° ÷ 5 = 72°가 된다.

외각의 크기를 알기 때문에 이제 내각

외각

내각

◀ 내각과 외각을 합하면 180°다. 따라서 정오각형의 내각은 108°가 되어야 한다.

의 크기도 알 수 있다. 내각과 외각은 일직선 위에 있기 때문에 내각과 외각 합은 180°다. 따라서 내각의 크기는 180° - 72° = 108°다. 108°는 360°의 약수가 될 수 없다. 즉 108로는 360을 나눌 수가 없다. 따라서 정오각형은 테셀레이션을 만들 수가 없는 것이다. 다시 말하면 정오각형으로 테셀레이션을 만든다고 할 때 정오각형 세 개가 만나서 이루는 각의 합은 108° + 108° + 108° = 324°가 되어 빈틈이 생기게 되는 것이다. 만약 4개가 만나게 된다면 360°를 넘어버려서 도형들이 겹쳐서 이 또한 테셀레이션이 될 수가 없다.

외각을 이용한 위의 방식은 어떤 볼록 다각형에 대해서도 적용할 수가 있다. 정다각형이든 아니든 간에 모든 볼록 다각형은 외각의 합이 360°다. 어떤 도형이 볼록 다각형이 되기 위해서는 변 위의 어떤 두 점을 잇는 선분도 반드시 그 다각형의 내부에 있어야 한다. 예를 들어 평행사변형은 항상 볼록 다각형이지만 별 모양의 도형은 바로 이웃한 변에 있는 두 점끼리 연결하는 선이 항상 도형 외부에 존재하기 때문에 오목 다각형이 된다.

어떤 정다각형이 테셀레이션을 만드는지 아닌지를 알아보기 위해서는 앞의 정오각형의 예에서처럼 내각의 크기를 이용하면 된다. 예컨대 정육각형은 6개의 외각의 합이 360°이기 때문에 하나의 외각은 60°이고, 따라서 내각은 120°가 된다. 120

은 360의 약수이므로 정육각형은 테셀레이션을 만들 수 있는 것이다.

그렇다면 정7각형은 어떨까? 이 도형의 외각은 360° ÷ 7 = 51.4°, 즉 각각 51.4°다. 따라서 내각은 180° - 51.4° = 128.6°다. 이것은 360의 약수가 아니므로 테셀레이션을 만들지 못한다. 이런 식으로 더 많은 다각형에 대해서도 테셀레이션을 만들 수 있는지 여부를 테스트해 볼 수 있다. 하지만 잠시만 생각해 보면 정7각형보다 변이 더 많은 다각형 가운데 테셀레이션을 만들 수 있는 것은 없다는 점을 알 수 있다. 변의 수가 늘어날수록 외각의 크기는 작아지고 반대로 내각은 커지는데, 정7각형의 내각이 128.6°이므로 이보다 더 큰 내각 가운데 360의 약수가 될 수 있는 각은 없기 때문이다(360의 약수 가운데 180°가 있지만, 내각이 180°라는 것은 직선을 의미하므로 제외되어야 한다). 따라서 정다각형 가운데 정육각형보다 변의 수가 많은 도형은 테셀레이션이 가능한 것이 없다고 단정할 수 있다. 이처럼 정삼각형, 정사각형, 정육각형으로만 테셀레이션을 만들 수 있지만, 두 가지 이상의 도형을 이용하면 또 다른 방식의 테셀레이션도 가능하다는 것을 뒤에서 배우게 된다.

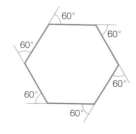

▶ 정육각형은 내각이 120°로 360°의 약수이기 때문에 테셀레이션을 만들 수 있는 정다각형 가운데 하나다.

## 18 바닥에 타일 깔기

### 문제

도미니코는 바닥에 깔 세라믹 타일을 만들고 있다. 그는 정사각형으로 테셀레이션을 만들 수 있다는 것을 알고 있다. 하지만 정사각형이 아닌 다른 사각형으로 테셀레이션을 만들고 싶어졌다. 예컨대 사다리꼴(두 개의 변이 서로 평행한 사각형)로 테셀레이션을 해 보고 싶었다. 나아가 사각형 가운데 테셀레이션이 되지 않는 것은 어떤 사각형일지 궁금했다. 테셀레이션을 할 수 없는 사각형에는 어떤 것이 있을까?

### 방법

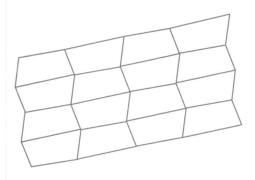

여러분이 사다리꼴로 된 마분지를 이용해 실제로 해 보면 테셀레이션을 만들 수 있다는 것을 알 수 있다. 그림과 같이 사다리꼴 도형을 하나 건너 회전시켜 가면서 길게 이어가면 이음새가 서로 딱 들어맞으면서 테셀레이션이 되는 것이다.

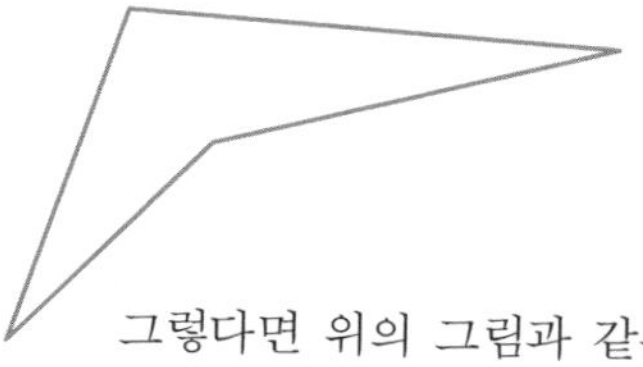

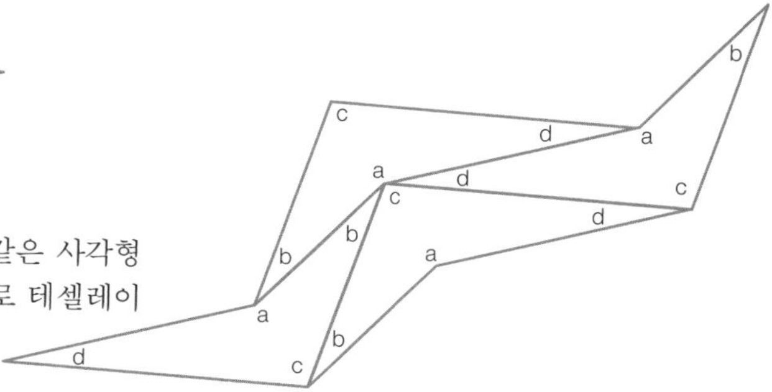

그렇다면 위의 그림과 같은 사각형은 어떨까? 이런 사각형으로 테셀레이션을 할 수 있을까?

얼핏 보면 이런 사각형으로는 가능할 것 같지 않아 보인다. 처음 몇 개로는 될 것 같지만 결국은 서로 아귀가 맞지 않을 것 같은 느낌이 든다. 하지만 과연 그런지를 확신하기 위해서는 좀 더 면밀하게 검토할 필요가 있다.

먼저 이 사각형의 네 각의 합이 360°라는 점에 주목하자. 그것을 어떻게 알수 있는가? 네 각을 실제로 재볼 필요는 없다. 이 사각형을 둘로 나누면 두 개의 삼각형이 만들어진다. 삼각형은 세 각의합이 180°이므로 두 개의 삼각형이 만드는 각의 합은 360°가 된다. 이 두 삼각형을 합친 것이 위의 사각형이기 때문에 사각형의 네 각의 합은 360°라는 것을 확인할 수 있다.

그런데 앞에서 살펴보았듯이 테셀레이션이 되기 위해서는 한 점에 모이는 도형의 꼭지각의 합이 정확히 360°가 되어야 한다. 그렇다면 위의 사각형들을 한 점에 모았을 때 각의 합이 360°가 되는지 따져 보자. 사각형의 네 각을 각각 a, b, c, d라고 하고 그림과 같이 사각형들을 틈이 없도록 잘 연결해 보자. 그러면 한 점을 중심으로 사각형 네 개가 모이게 만들 수 있다는 것을 알 수 있다. 또 한 점에 모인 꼭지각은 a, b, c, d이므로

사각형의 네 각과 같고, 그 합은 360°다. 따라서 이 사각형을 계속 이어나가면 테셀레이션이 만들어진다고 말할 수 있다.

## 해답

위의 예에서 알 수 있듯이 어떤 모양을한 사각형이라도 모두 테셀레이션을 만들 수 있다. 그러나 테셀레이션을 했을 때 아래 그림처럼 끝이 뾰족하게 튀어나오는 부분이 생기기 때문에 실제로 욕실바닥 같은 곳에 테셀레이션을 하기에는 타일 패턴이 그다지 아름다워 보이지 않는다. 역시 테셀레이션을 하기에 적당한 사각형은 정사각형인 것이다!

# 아르키메데스 타일링 ARCHIMEDEAN TILINGS

정다각형 가운데 테셀레이션을 만들 수 있는 것은 정삼각형, 정사각형, 정육각형뿐이다. 그러나 패치워크 퀼트나 알함브라 궁전 같은 이슬람 문화권의 문양을 보면 두 가지 이상의 정다각형으로 다양한 패턴의 테셀레이션을 만들어 내는 것을 알 수 있다. 이러한 패턴 뒤에는 매우 풍부한 기하학적 원리가 숨어 있다.

## 보다 복잡한 테셀레이션

앞장에서 우리는 어떤 사각형도 테셀레이션을 만들 수 있다는 것을 배웠다. 또 하

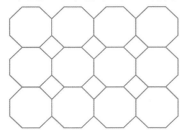

나의 사각형은 두 개의 삼각형이 합쳐져서 만들어진다는 것도 알고 있다. 따라서 이런 성질을 이용하면 어떤 삼각형도 테셀레이션을 할 수 있다는 결론이 나온다.

정8각형을 서로 이었을 때 테셀레이션이 만들어지지 않는 까닭은 정8각형의 내각이 135°로 120°보다 훨씬 크기 때문이다. 그러나 위의 그림처럼 정8각형들을 연결했을 때 생기는 틈을 정사각형으로 메우면 테셀레이션이 만들어지는 것을 알 수 있다. 이처럼 두 개 이상의 정다각형을 연결해서 빈틈을 메워 테셀레이션을 이룰 수 있는 것에는 어떤 것들이 있을까? 오른쪽 그림에서처럼 정삼각형과 정사각형, 정육각형들을 활용하면 멋진 테셀레이션이 만들어지는 것을 알 수 있다.

그림에서 각 꼭짓점에 모이는 정다각형의 순서와 구성이 항상 일정하다는 점에 주목하라. 즉 정육각형, 정사각형, 정삼각형, 정사각형의 순서로 모여 있다. 이러한 순서와 구성을 표현하기 위해 각 정다각형의 변의 개수를 차례대로 적으면 편리하다. (6, 4, 3, 4)처럼 말이다. 이 표기법을 이용하면 앞에 나온 정8각형과 정사각형이 결합된 테셀레이션도 (8, 8, 4)로 나타낼 수 있다. 사실 우리는 이런 표기법을 이미 본적이 있는데, 바로 아르키메데스 다면체에서였다(→ pp.84~85). 또한 우리는 다섯 종류(정4면체, 정6면체, 정8면체, 정12면체, 정20면체)의 플라톤 정다면체는 모든 면이 하나의 정다각형으로만 이루어져 있다는 것도 배웠다. 그래서 정삼각형, 정사각형, 정육각형으로 만들어지는 테셀레이션을 플라톤 테셀레이션 Platonic tessellation이라고 부른다(→ p.109). 정삼각형, 정사각형, 정육각형으로 이루어

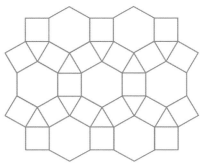

진 플라톤 테셀레이션은 각각 (3, 3, 3, 3, 3, 3), (4, 4, 4, 4), (6, 6, 6)으로 나타낼 수 있다. 여러분은 '준정다면체'는 하나 이상의 정다각형으로 이루어진다는 사실을 기억할 것이다. 또 준정다면체는 한 점에 모이는 정다각형의 순서로 표기한다는 것도 기억할 것이다. 테셀레이션과 타일링에서도 마찬가지다. 여러 개의 정다각형으로 만들어지는 준타일링semi-tiling도 같은 식으로 표기한다. 그리고 정다각형 하나만으로 이루어지는 타일링과 준

타일링을 모두 합쳐 '아르키메데스 타일링'이라고 부른다. 아르키메데스 타일링에는 모두 12종류가 있다. 즉 플라톤 타일링 3가지와 준타일링 9가지를 합친 것이다. 앞에서 나온 (6, 4, 3, 4)와 (8, 8, 4)는 준타일링에 속한다. 나머지 7개의 준타일링을 표시하면 다음과 같다. (3, 3, 3, 3, 6), (3, 3, 3, 3, 6), (3, 3, 3, 4, 4), (3, 3, 4, 3, 4), (3, 6, 3, 6), (3, 12, 12), (4, 6, 12). 처음 두 개의 표기법이 (3, 3, 3, 3, 6)으로 같은 것은 오기誤記가 아니다. 표기법은 같아도 정다각형의 구성이 서로 다른 테셀레이션이다.

## 쌍대 DUAL

아르키메데스 타일링도 아르키메데스 다면체와 마찬가지로 '쌍대'를 가지고 있다. 즉 정다각형의 중심에 점을 찍은 다음 이 점들을 새로운 다각형의 꼭짓점으로 삼아 서로 연결하면 쌍대 타일링이 만들어진다. 이런 식으로 해 보면 정사각형 테셀레이션의 경우 쌍대는 자기 자신, 즉 다시 정사각형 테셀레이션이 되고, 정삼각형 테셀레이션과 정육각형 테셀레이션은 서로가 쌍대인 것을 알 수 있다. 특히 흥미로운 것은 오른쪽 그림에서와 같은 정삼각형과 정사각형들로 이루어진 테셀레이션인 (3, 3, 4, 3, 4)의 쌍대다. 이것의 쌍대는 그림에서 보듯이 비뚤어진 모양의 오각형 테셀레이션인데, 이것을 '카이로 오각형 테셀레이션Cairo pentagonal tiling'이라고 부른다.

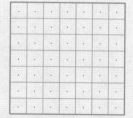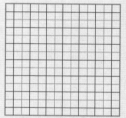

▲ 왼쪽 그림에서 정사각형 안의 중심에 점을 찍고 이들을 연결하면 오른쪽 그림에서처럼 굵은 선으로 이루어진 정사각형 테셀레이션을 얻을 수 있다. 반대로 오른쪽 테셀레이션에서 정사각형 중심에 점을 찍고 이들을 이으면 왼쪽 모양의 정사각형 테셀레이션이 된다. 이처럼 정사각형 테셀레이션은 그 자신이 쌍대다.

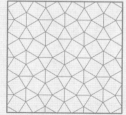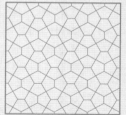

▼ 왼쪽 그림은 정삼각형과 정사각형으로 이루어진 타일링을 나타내며 한 점에서 다섯 개의 정다각형이 만나고 있기 때문에 (3, 3, 4, 3, 4)로 표기할 수 있다. 이들 도형의 중심에 각각 점을 찍고 서로 연결하면 '카이로 오각형 테셀레이션'이 만들어진다.

## 문제

프린팅 디자이너인 수지는 아래 그림과 같은 무늬 패턴을 가진 긴 천을 만들고자 한다. 그런데 가능하면 가장 적은 수의 프린팅 블록(형틀)을 이용해서 만들고 싶다. 그녀가 필요로 하는 가장 적은 수의 프린팅 블록은 몇 개일까?

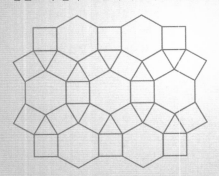

## 방법

가장 먼저 떠올릴 수 있는 방법은 정삼각형과 정사각형, 정육각형으로 된 세 개의 프린팅 블록을 만든 다음 이들을 일일이 사용해서 원하는 무늬 패턴을 만드는 것이다. 하지만 이런 방법은 성가실 뿐 아니라 시간도 엄청 많이 걸리게 된다.

그래서 다른 방법을 찾아보았다. 위의 테셀레이션을 자세히 보면 오른쪽 그림과 같은 하나의 덩어리로서의 패턴이 두드러져 있다는 것을 알 수 있다.

이것을 프린트 블록으로 삼을 수 있을 것이다. 그러나 이것을 형틀로 삼아 프린트하게 되면 이미 프린트된 무늬와

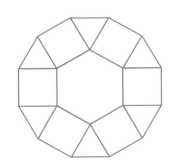

일부분이 겹친다는 문제가 생긴다.

따라서 아래에 나온 그림처럼 이 블록 가운데 일부만을 선택하는 것이 가장 현명한 방법이다. 이 새로운 블록을 사용하면 아무런 겹침이 없이 연속적으로 무늬 패턴을 프린트할 수 있다.

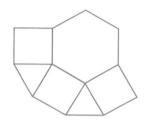

이것을 전체 디자인의 '기본 영역fundamental region'이라고 부른다.

어떤 타일링에서 '기본 영역'이 되기 위해서는 다음과 같은 조건을 갖춰야 한다.

- 가능한 크기가 가장 작아야 한다.
- 다른 영역과 겹치지 않아야 한다.
- (회전 이동이나 반사 이동 없이) 수평 이동 하는 것만으로도 같은 타일링을 만들어 낼 수 있어야 한다.
- 이 같은 성질을 가진 '기본 영역'으로 부터 만들어지는 타일링을 '주기적인 타일링periodic tiling'이라고 부른다.

## 해답

수지가 만들고자 하는 타일링은 '주기적인 타일링'이다. 이것은 단 하나의 프린트 블록, 즉 '기본 영역'으로부터 얻어 낼 수 있다. 수학자들은 이러한 기본 문양을 '기리girih' 문양이라고 부르는데, 이슬람 문화권에서 발견되는 무늬 패턴들은 이 기리 문양을 활용해서 만들어졌을 것이라고 보고 있다.

# 벽지의 무늬 패턴

우리는 앞에서 바닥에 타일을 까는 것(타일링)에 숨은 수학의 원리를 몇 가지 살펴보았다. 그러면 벽을 장식하는 벽지의 문양에는 어떤 수학 원리가 숨어 있을까? 타일을 테셀레이션하는 데는 한정된 방법이 있다고 할 수 있다. 그렇다면 벽지의 무늬 패턴을 만드는 데는 무한한 방법이 있을까? 물론 벽지에 사용되는 색이나 기본 문양에는 무한히 많은 선택 방법이 있을 것이다. 하지만 이런 것들을 제외하고 수학적으로 따져 볼 때 벽지 문양을 만드는 데는 17가지의 기본 패턴만이 존재한다.

### 스텐실링STENCILING

벽지 무늬에 숨은 수학을 탐구하기 전에 먼저 스텐실링(형판 인쇄)으로 만들어 낼 수 있는 디자인에 대해 알아보자. 오른쪽 그림과 같은 모양을 기본 모형으로 삼는다고 해 보자.

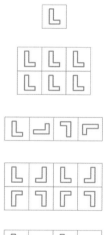

이 경우 가장 간단하게 만들 수 있는 무늬 패턴은 기본 모형을 위쪽이나 아래쪽, 옆쪽으로 수평으로 이동시키면서 반복해서 찍어내는 것이다. 또 수평 이동을 하면서 기본 모형을 회전시킬 수도 있고, 거울에 비치는 것처럼 반사를 시킬 수도 있다.

수학 시간에 배웠듯이 이 세 가지 움직임을 각각 수평 이동, 회전 이동, 반사 이동이라고 부른다. 여기에 하나를 더 추가할 수 있는데 '미끄럼 반사glide reflection' 이동이다. (오른쪽 그림은 기본 모형이 위로부터 차례로 수평 이동, 회전 이동, 반사 이동, 미끄럼 반사 이동을 한 것을 보여 준다.)

미끄럼 반사 이동은 기본 모형을 수평으로 옮긴 다음 다시 반사시키는 것이다. 그렇다면 미끄럼 반사 이동과 단순한 반사 이동은 어떤 차이가 있을까? 미끄럼 반사에는 대칭축이 없다는 점이 반사 이동과 가장 다른 점이다. 다시 말하면 미끄럼 반사 이동을 한 모형과 기본 모형 사이에는 거울에 반사를 시켰을 때와 같은 대칭 관계가 없다. 미끄럼 반사에는 대칭축이 없다는 말은 결국 기본 모형과의 사이에 거울을 놓을 수 있는 위치가 없다는 뜻이다.

아무튼 이 네 가지 기본 이동 — 수평, 회전, 반사, 미끄럼 반사 — 을 '등거리 사상isometry' 혹은 '경직 운동rigid motion'이라고 부른다. 우리가 평면에서 어떤 도형에 가할 수 있는 이동은 이 네 가지뿐이다. 또한 이 네 가지 이동을 통해서는 기본 모형의 크기와 모양이 전혀 바뀌지 않는다.

　이들에 의해서는 도형의 모서리 길이나 각
의 크기가 그대로 유지되기 때문에 이 네 이동
은 '대칭'을 갖는다고 말하는데, 특히 수평 이
동과 회전 이동은 '직접 대칭direct symmetry,' 반사
이동과 미끄럼 반사 이동은 '간접 대칭indirect
symmetry'이라고 부른다. 후자를 간접 대칭이라
고 부르는 까닭은 이 이동을 통하면 기본 모형
의 방향이 뒤바뀌기 때문이다. 예컨대 우리가
위에서 기본 모형으로 든 L의 경우 반사와 미
끄럼 반사 이동을 하게 되면 L이 향하는 방향
이 반대로 된다.

## 벽지 디자인

벽지 무늬를 디자인할 때는 이 네 가지 이동(수
평, 회전, 반사, 미끄럼 반사)이 모두 사용된다. 여기
서 잠시 회전 이동을 제쳐 놓고 생각해 보면,
수평과 반사, 미끄럼 반사는 모두 일직선상에
서 움직이는 변화라는 것을 알 수 있다. 반사

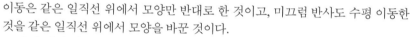

이동은 같은 일직선 위에서 모양만 반대로 한 것이고, 미끄럼 반사도 수평 이동한
것을 같은 일직선 위에서 모양을 바꾼 것이다.

　반면 회전 이동은 각도를 달리 하면서 모양이 바뀌기 때문에 원래 모형과 반드
시 일직선 위에 있지는 않다. 이 경우 테셀레이션을 유지하기 위해서 회전 이동이
취할 수 있는 회전 수order of rotation는 네 가지밖에 없다. 예를 들어 아래 그림의 왼쪽에
나와 있는 것은 회전 수가 3이고, 오른쪽 것은 회전 수가 4다. 즉 '회전 수'란 기본
모형이 원래 위치로 돌아오는 데 필요한 조작 횟수를 가리킨다.

　벽지 무늬 패턴에 사용할 수 있는 회전 수에는 3과 4 외에도 2와 6이 있다(회전수
가 1인 경우는 360° 회전하는 것이므로 의미가 없어 제외한다). 그렇다면 회전 수는 왜 6이 최댓
값일까? 우리는 앞에서 정육각형보다 큰 다각형은 테셀레이션을 만들 수 없다는 것

을 배웠다. 같은 이유로 회전 수가 6보다
큰 경우는 테셀레이션이 이루어지지 않
는 것이다. 이러한 회전 이동을 수평 이
동, 반사 이동, 미끄럼 반사 이동과 결합
하면 테셀레이션을 만드는 벽지 무늬 패
턴은 오직 17가지만 존재한다.

# 마우리츠 코르넬리스 에스허르 MAURITS CORNELIS ESCHER

에스허르는 네덜란드의 그래픽 아티스트로, 대칭기하학에 관심을 갖고 이를 발전시키는 데 큰 기여를 했다. 그는 수학 교육을 체계적으로 받은 적이 없음에도 불구하고 기하학의 대칭성에 관해 깊이 있게 이해했으며, 나중에는 위상기하학 발전에도 공헌을 했다. 또한 폴리아, 콕스터, 펜로즈 등 당대의 뛰어난 수학자들과 자신의 아이디어를 공유하고 논의하면서 현대 수학에 많은 족적을 남겼다.

에스허르는 1898년 네덜란드의 레이우바덴에서 태어났다. 그는 어릴 때부터 병약했을 뿐 아니라 수학에는 전혀 재능을 보이지 않았다. 숫자와 문자를 구별하는데도 애를 먹었던 그가 특이하게도 2차원이나 3차원 도형에는 큰 관심을 보였다고 한다. 부모는 건축가가 되기를 바랐으나 그는 장식 예술decorative art이나 목판화, 드로잉 같은 것을 익히는 데 더 흥미를 보였다. 그는 24세 때 이탈리아와 스페인을 여행했는데, 이때의 경험이 이후 작업에 큰 영향을 미친다. 로마에서 결혼을 한 그는 거기서 정착하기를 바랐으나 (무솔리니가 집권하면서) 정치 상황이

악화되자 스위스를 거쳐 벨기에로 옮겼다가 2차 세계 대전이 끝나자 네덜란드로 돌아왔다. 1958년을 전후해 에스허르의 명성은 절정을 이루었다. 그는 작업을 꾸준히 진행하는 동시에 각국을 다니면서 강연을 하고 전시회를 열며 왕성하게 활동하다 1972년 세상을 떠났다.

## 에스허르와 수학

1936년 에스허르는 부인과 함께 스페인으로 여행을 떠나는데, 이때 그라나다에 있는 알함브라 궁전을 다시 방문한다. 또한 코르도바에 있는 이슬람 사원도 둘러보는데, 이 두 곳의 방문은 20대의 여행 경험과 함께 에스허르의 작품에 핵심적 역할을 한다. 이 여행을 계기로 '풍경'에서 '정신적인 이미지mental imagery'로 작품의 경향이 바뀌게 된다. 여기서 '정신적인 이미지'란 그래픽 작업과 타일링을 말한다. (훗날 그는 알함브라 궁전의 여행이 "내 영감의 가장 풍부한 원천이었다"고 회고했다.)

알함브라 궁전에서 부인과 함께 수많은 스케치를 한 에스허르는 이를 토대로 새와 물고기, 사자와 같은 캐릭터가 등장하는 기하학적 무늬를 창조하기 시작했다. (동생 베렌트는 에스허르의 목판화 작업을 본 뒤 감동을 받아 형이 '대칭'에 대해 더 공부하도록 격려했다. 그래서 헝가리의 수학자 게오르그 폴리

▲ 에스허르가 만든 새의 타일링. 에스허르는 자연으로부터 많은 영감을 얻었다. 그래서 그의 작품에는 새나 물고기, 사자와 같은 동물들이 자주 등장한다.

야George Polya가 대칭에 관해 쓴 논문을 구해 형에게 보내 주기도 했다.) 에스허르는 자신의 직관을 통해 우리가 앞에서 보았던 벽지의 무늬 패턴은 17가지 기본 패턴으로 나타낼 수 있다는 사실을 알아냈다. 또한 13세기에 이슬람인이 세운 알함브라 궁전의 문양에서 이 17가지 기본 패턴을 모두 찾아내는 데도 성공했다. 그는 다양한 대칭 도형들과, 특이한 형태와 색을 가진 작품들을 활발하게 만들어 냈다. 그는 의식하지도 못한 채 훗날 수학자와 과학자들이 '결정학crystallography'(결정의 구조를 연구하는 학문)이라고 부르는 학문의 한 분야를 탐구했던 것이다.

1941년 에스허르는 〈비대칭적인 다각형으로 평면을 규칙적으로 분할하는 방법에 관하여〉라는 논문을 발표했다. 그는 수학 교육을 거의 받지 못했지만 이 논문과 그의 작품들을 통해 수학자들로부터 탁월한 수학 연구자라는 평가를 받았다. 이 논문으로 세계 수학계의 주목을 받자 그는 이렇게 말했다. "나는 애초에는 대칭과 같은 개념을 전혀 알지 못했습니다…… 이 논문은 수학 교육을 전혀 받지 못한 사람이 자신의 작업을 통해 얻은 경험과 이론을 바탕으로 계속 밀어붙임으로써 얻어 낸 결실입니다."

에스허르는 이후 펜로즈와 함께 위상 기하학을 연구했으며 이 공동 작업의 결과로 나온 것이 〈카스트로발바Castrovalva〉, 〈폭포Waterfall〉, 〈위와 아래Up and Down〉 같은 작품이었다. 펜로즈도 에스허르와의 작업을 통해 '펜로즈 삼각형'(→ p.119)을 고안했으며, 에스허르는 이 삼각형을 자신의 작품에 자주 등장시켰다.

## ● 쌍곡 기하학 HYPERBOLIC GEOMETRY

에스허르는 1956년부터 2차원 평면에서 무한을 표현하는 방법에 관해 탐구하기 시작했다. 이를 위해 그는 캐나다의 수학자 도널드 콕스터Donald Coxter와 함께 작업했다. 콕스터는 쌍곡 평면 위에서 테셀레이션을 만드는 방법에 관해 연구해 왔다. 쌍곡 평면 위의 기하학은 유클리드 기하학과 어떻게 다를까? 이를 알아보기 위해, 주어진 한 선분에 직각이 되도록 두 개의 직선을 긋는다고 생각해 보자(그림 참조). 그러면 유클리드 기하학에서는 두 직선은 항상 같은 거리를 유지하면서 평행하게 나아간다. 반면 쌍곡 기하학에서는 두 직선은 서로로부터 점점 더 멀어져 간다. 그리고 타원 기하학에서는 서로 점점 접근하다가 결국은 교차하면서 지나가게 된다. 쌍곡 기하학은 오목한 그릇의 내부나 말안장 같은 곡면 위에 그려지는 도형을 다루는 기하학이다. 에스허르의 작품 중 시리즈인 〈원형 극한Circle Limit 1~4〉는 바로 쌍곡 평면에서의 테셀레이션을 잘 보여 준다. 콕스터는 이 작품에 대해 이렇게 말했다. "에스허르는 1mm 단위까지 대단히 섬세하게 드로잉을 해나갔다…… 그것은 수학적으로 완벽한 작품이라고 할 수 있다."

▼ 쌍곡 기하학

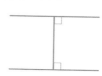

▼ 유클리드 기하학

▼ 타원 기하학

# 에스허르 타일링

## 문제

제이미는 특이한 형태의 비스킷을 만들려고 한다. 그래서 거기에 맞게 쿠키 커터를 디자인하려고 한다. 제이미는 에스허르의 작품들 가운데 새나 물고기 모형으로 된 테셀레이션에 몹시 끌렸다. 그래서 그것을 본 떠 보기로 했다. 제이미가 원하는 디자인을 얻으려면 어떻게 하면 좋을까?

## 방법

에스허르 스타일의 테셀레이션은 정삼각형이나 정사각형을 토대로 삼아 이것을 간단하게 변형시키면 얻을 수 있다. 아래에 소개하는 것은 정사각형을 이용해 물고기 모형으로 된 테셀레이션을 만드는 방법이다.

먼저 정사각형 모양의 카드를 준비한 다음 아래 그림과 같이 왼쪽 모서리에 있는 두 점을 이어서 물고기 머리 모양이 되도록 그린다.

이어 그 선을 따라 가위로 카드를 잘라내고, 잘라낸 부분을 오른쪽 모서리에 갖다 대고 테이프로 이어 붙인다. 이번에는 정사각형의 아래 모서리의 오른쪽 꼭짓점에서 왼쪽을 향해 지느러미 모양이 되도록 선을 긋는다. 앞에서와 마찬가지로 이 선을 따라 가위로 잘라낸 다음 잘라낸 부분을 위쪽 모서리에 갖다대고 테이프로 붙인다.

여기에 아가미를 그려 넣고 색을 입히고 간단한 장식을 하면 테셀레이션을 할 수 있는 기본 모형(형틀)이 만들어진

 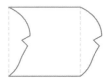  

다. 이 기본 모형을 반복해서 이어나가면 물고기 떼들이 한쪽 방향을 향해 헤엄쳐 나가는 모습의 테셀레이션을 얻을 수 있다.

　정사각형 카드를 이용해서 다른 테셀레이션도 만들 수 있다. 이번에는 가오리를 기본 모형으로 사용해 보자. 오른쪽 그림에서처럼 정사각형의 왼쪽 모서리에서 오려낸 부분을 위쪽 모서리에 갖다 붙인다. 위의 물고기 모형에서는 잘라낸 부분을 수평 이동시켰다면, 이번 가오리 모형에서는 회전 이동시키는 것이라고 할 수 있다.

　정사각형의 아래 모서리에서도 마찬가지로 일부를 잘라내 90°만큼 오른쪽으로 회전 이동시키면 가오리 모양을 한 기본 모형이 얻어진다. 여기에 눈을 그려 넣고 장식을 한 다음 테셀레이션을 하면 서로 반대 방향으로 헤엄쳐 가고 있는 가오리 떼의 모습을 볼 수 있게 된다.

## 해답

제이미는 정사각형을 이용해 몇 가지를 간단하게 조작하면 물고기나 가오리 모양을 한 테셀레이션 비스킷을 얻을 수 있다. 뿐만 아니라 정삼각형을 가지고서도 이런 식으로 여러 가지 기본 모형들을 만들 수 있을 것이다.

# 로저 펜로즈ROGER PENROSE

펜로즈는 영국의 수리물리학자이자 천문학자로 수학과 물리학 분야에 많은 업적을 남겼다. 옥스퍼드대학 수학과의 라우스 볼 석좌교수Emeritus Rouse Ball Professor를 역임하기도 했던 그는 양자 역학과 상대성 이론, 블랙홀 이론 등에서 탁월한 논문들을 발표했으며 대수 기하학과 레크리에이션 수학recreational mathematics(퍼즐이나 게임처럼 전문적 수학 연구라기보다는 일반인들도 즐길 수 있는 지적 놀이를 지향하는 것으로, '유희 수학'이라고도 한다)의 발전에도 기여했다.

펜로즈는 1931년 영국의 에섹스에서 태어났다. 아버지는 유전학자이고 어머니는 의사였다. 유니버시티컬리지 런던에서 수학을 전공한 펜로즈는 케임브리지대학에서 대수 기하학으로 박사 학위를 땄다. 물리학에도 관심이 깊었던 그는 1959년 우주론에 관한 중요한 논문들을 발표해 주목받았다. 1966년 런던의 버벡 컬리지에서 응용수학과 교수에 임명된 그는 이후 양자물리학과 상대성 이론으로 연구의 폭을 넓혔다.

특히 '트위스터 이론Twistor theory'을 제

펜로즈가 쓴 저서들 가운데 대중적으로 널리 알려진 책들은 인간의 의식consciousness이 어떻게 일어나는지를 다룬 내용들이 많다. 그는 뇌 안의 양자 효과로 인간의 사고 과정을 설득력 있게 펼쳐나가고 있다.

● 《황제의 새 마음THE EMPEROR'S NEW MIND: CONCERNING COMPUTERS, MINDS AND THE LAWS OF PHYSICS》(1989): 펜로즈는 이 책에서 현대 물리학을 요약하면서, 인공 지능에 관해 비판적인 태도를 취한다. 그는 인간의 정신은 컴퓨터나 어떤 알고리즘으로도 본뜰 수 없다고 주장한다.

● 《마음의 그림자SHADOWS OF THE MINDS: A SEARCH FOR THE MISSING SCIENCE OF CONSCIOUS-NESS》(1994): 《황제의 새 마음》에 이어 이 책에서도 현대 물리학의 관점에서 바라본 인간의 마음과 정신에 관해 자신의 견해를 밝히면서 다시 한 번 인공 지능을 비판한다.

● 《시간과 공간에 대하여THE NATURE OF SPACE AND TIME》(1996): 스티븐 호킹Stephen Hawking과 함께 쓴 이 책은 두 사람이 1994년에 행한 강연들을 모은 것이다. 우주론 연구에 수학과 물리학이 어떤 역할을 하고 있는지를 설명하고 있다.

● 《실체에 이르는 길THE ROAD TO REALITY: A COMPLETE GUIDE TO THE LAWS OF THE UNIVERSE》(2007): 쌍곡 기하학, 복소수, 복소미적분 등을 통해 수학과 물리학 사이의 관계에 대해 설명한다. 펜로즈가 쓴 저서 가운데 가장 야심적이며 관련 분야에 많은 영향을 미치고 있다.

이 밖에 펜로즈는 영국의 유명한 SF 작가인 브라이언 올디스Brian Aldiss가 《하얀 화성WHITE MARS》을 쓸 때, 작품에 등장하는 입자물리학에 관한 내용에 관해 많은 조언을 해 주었다.

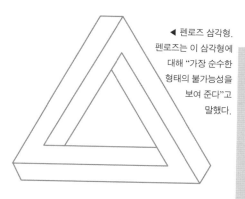

◀ 펜로즈 삼각형. 펜로즈는 이 삼각형에 대해 "가장 순수한 형태의 불가능성을 보여 준다"고 말했다.

안해 양자물리학과 상대성 이론을 결합 시키는 데 큰 공을 세웠다. '꼰 끈 이론'이 라고도 하는 트위스터 이론은 시공간 space-time에 존재하는 대상을 설명하기 위 해 대수학과 기하학적 방법을 이용하는 것이었다. 또한 그는 이론 물리학에 좌표 계를 도입한 '펜로즈 다이어그램Penrose diagram'도 내놓았는데, 이것은 시공간에 있는 서로 다른 두 점 사이의 관계를 표 현하기 위한 도구다. 즉 이 다이어그램에 서는 좌표계의 수직축은 시간을, 수평축 은 공간을 나타낸다. 그래서 블랙홀의 시 공간적인 환경을 드러낼 때 사용되고 있 다. 펜로즈는 스티븐 호킹과 함께 블랙홀 을 공동 연구하기도 했다. (수학과 물리학에 기여한 공로로 생전에 수많은 상을 받았던 그는 1994년에는 영국 왕실로부터 기사 작위를 받았다.)

## 레크리에이션 수학

펜로즈는 1954년 아버지 라이오넬 펜로 즈와 함께 '불가능한 모형들impossible fig- ures'에 관한 논문을 발표했다. 그는 이 논 문을 에스허르에게도 보냈는데, 이후 두 사람은 함께 연구를 진행했으며 그 결과 펜로즈는 두 가지의 불가능한 모형을 발 견하게 된다. 그중 하나는 '펜로즈 삼각 형'이고 다른 하나는 '펜로즈 계단'이다.

## 다이나 타이미나DAINA TAIMINA

다이나 타이미나는 라트비아 출신으로 코넬대학의 수학 교수다. 그녀는 코바늘 뜨개질을 이용해 쌍곡 공간hyperbolic space을 표현함으로써 눈길을 끌었다. 그 녀는 뜨개질로 아주 크면서도 수학적으 로 정교하고 대칭적인 쌍곡 공간을 만들 어 내는 데 탁월한 재능을 보이고 있다. 쌍곡 공간에서는 두 개의 직선을 그으면 그들은 서로로부터 점점 멀어져간다. 타 이미나는 뜨개질의 바늘땀을 기하급수 적으로 늘려나감으로써 이 쌍곡 공간이 어떻게 뻗어나가는지를 탐구했다. 그런 식으로 뜨개질을 해 본 결과 나타난 모 양은 아래 그림과 같은 산호초 모습이었 다. 이것은 뜨개질과 자연 사이에 어떤 연관이 있다는 것을 보여 준다. 쌍곡 기 하학은 표면적은 최대로 하면서 부피는 최소화하는 역할을 한다. 예를 들어 산 호초는 표면을 통해 가능한 많은 먹이를 얻기 위해 쌍곡 공간을 만드는 것이다.

▼ 뜨개질로 표현한 쌍곡 공간은 놀 라울 정도로 매혹적인 모습을 하고 있다.

# 펜로즈 타일 PENROSE TILES

우리는 앞에서(→ pp.104~105) 정다각형 가운데 정삼각형, 정사각형, 정육각형 등 단세 개만이 테셀레이션을 만들 수 있다는 것을 배웠다. 또한 회전 이동에서 테셀레이션이 가능한 회전수는 2, 3, 4, 6의 네 가지밖에 없다는 것도 알게 되었다(180°, 120°, 90°, 60°의 회전 대칭만 가능하다는 뜻이다). 이런 사실을 토대로 수학자들은 자연에 존재하는 결정crystal들도 이와 같은 규칙을 따를 것이라고 예상했다. 하지만 실제로는 수학자들의 예측과는 어긋나는 현상들이 발견되었다.

## 연과 다트

펜로즈는 자신만의 독창적인 관점으로 타일링을 연구했다. 벽지 무늬 패턴에서는 모형들이 규칙적이고 반복적으로 배치됨으로써 테셀레이션이 만들어진다(→ pp.112~113). 그런데 펜로즈는 패턴을 규칙적으로 반복하지 않으면서도 타일을 틈새가 없이 연결해 테셀레이션을 만들 수 있다는 것을 깨달았다. 이른바 '준

대칭quasi-symmetry'에 관해 연구하기 시작했던 것이다. 요하네스 케플러는 1619년 하나의 정다각형으로 타일링을 할 때 틈이 생기는 부분은 별 모양의 오각형과 정10각형, 그리고 다른 정다각형으로 메꿀 수 있다는 것을 보여 주었다. 펜로즈는 케플러의 아이디어를 접하고는 몇 년간에 걸쳐 이 문제를 깊이 파고들었다. 그 결과 정오각형과 세 가지의 다른 도형들 — 즉 별 모양의 오각형, 보트처럼 생긴 도형(별 모양 오각형의 약 3/5), 다이아몬드처럼 생긴 홀쭉한 마름모꼴 — 로 이루어진 타일링을 처음으로 선보일 수 있게 되었다(오른쪽 페이지 그림 참조).

이어 1974년에는 두 가지 타일링을 더 발견했는데 이것이 '펜로즈 타일'이다. 이 타일링은 5겹 대칭으로 돼 있지만 규칙적으로 반복되는(주기적인) 패턴을 가지지는 않는다. 이 타일들은 모두 오각형에서 얻어지는

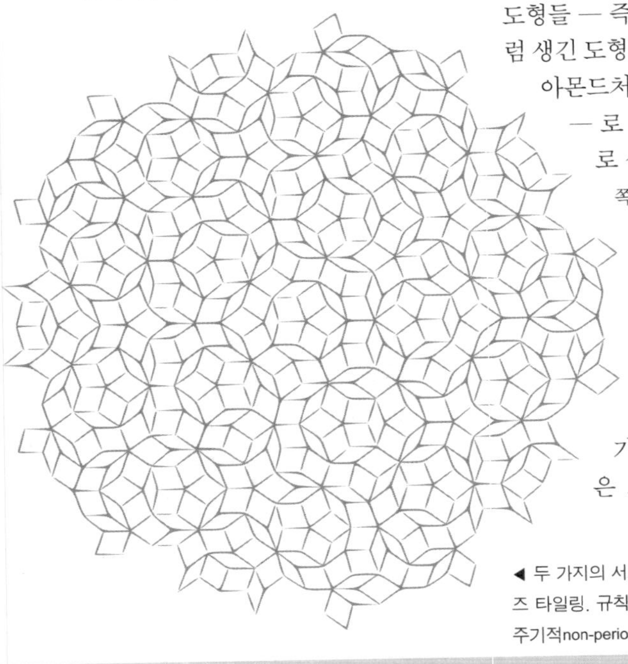

◀ 두 가지의 서로 다른 마름모꼴 모형으로 만든 펜로즈 타일링. 규칙적인 패턴으로 보이지만 실제로는 비주기적non-periodic이다.

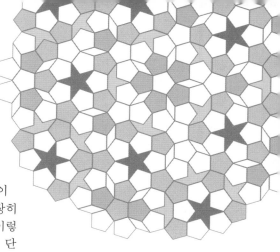

데, 이 오각형은 또한 연과 다트가 결합된 형태를 띠기 때문에 이것을 '펜로즈의 연과 다트'라고 부른다.

연과 다트 모양이 합쳐져서 만들어지는 이 타일링에는 '결합 원리'가 있다. 이 원리에 따라 타일링이 단순한 반복을 하지 않으면서도 굉장히 복잡한 패턴을 띠게 되는 것이다. 이렇게 해서 만들어지는 타일링 가운데 단 두 개만이 5겹의 회전 대칭을 가지고 있으며, '별과 태양' 패턴이라고 한다. '별과 태양 패턴' 각각을 72° 회전시키면 같은 패턴을 띠지만 수평 대칭성을 잃어버리게 된다. 따라서 일단 회전을 하게 되면 원래의 패턴과 똑같은 것으로 돌아갈 수가 없는 것이다. 이와 관련해 마틴 가드너는 "이 패턴은 자기 자신을 간절히 반복하고 싶어 하지만 결코 그것을 이룰 수 없다"고 표현했다.

그런데 자연계에는 이런 패턴을 보이는 결정들이 존재한다. 이른바 '준결정 quasi-crystals'이라 불리는 이것들은 5겹 대칭성을 갖고 있다. 대부분의 결정들과는 달리 '준결정'은 규칙적인 격자로 이루어져 있지 않으며 그 결과 특이한 특성을 보인다. 금속 가운데 준결정 형태를 띤 것은 열전도율이 굉장히 낮으며 그래서 프라이팬처럼 표면에 다른 물질이 잘 들러붙지 않도록 하는 데 이용된다.

사실 펜로즈 타일은 완전히 새로운 것은 아니다. 약 500년 전에 이슬람 문명권에서는 펜로즈 타일과 비슷한 문양을 한 타일링을 사용하고 있었던 것이다.

## 기리GIRIH와 준결정 타일링

하버드대학교 물리학과 대학원생이던 피터 류Peter Lu는 우즈베키스탄에 있는 800년 된 한 이슬람 사원에서 대단히 복잡한 '기리' 문양을 발견하고는 이를 연구하기 시작했다. 그는 연구 결과를 〈사이언스〉지에 발표하면서 그 타일링에는 수학적으로 흥미로운 아이디어들이 많으며, 이전에는 보지 못한 문양들이라고 주장했다. 그러면서 만약 문양들을 하나씩 하나씩 직접 그려 넣었다면(그때까지는 대부분의 사람들이 그렇게 작업했을 것이라고 생각했다) 그 넓은 벽과 천장에서 최소한 한 군데 이상은 실수로 인한 잘못된 무늬가 나와야 하겠지만 전혀 그렇지가 않고 100% 완벽한 패턴을 보이고 있다고 했다. 그래서 류는 그 사원의 문양은 펜로즈 타일링과 같은 것이라고 결론지었다.

# 복제 타일 만들기

## 문제

발레리는 플라스틱으로 된 타일들을 가지고 이러저리 맞춰보면서 놀다가 다음과 같은 사실을 발견했다. 정사각형 타일 네 개를 합치면 더 큰 정사각형이 만들어진다는 것이다. 하지만 정육각형 네 개를 합치면 그렇게 되지는 않았다. 그렇다면 정사각형만 이런 성질을 가지고 있는 것일까?

도형 네 개를 합쳤을 때 원래 도형과 모양은 같고 크기만 다른 경우는 더 없을까? 도형을 뒤집거나 방향을 바꾸어도 상관이 없다고 할 때 어떤 도형이 그런 성질을 띠고 있을지 찾아보라.

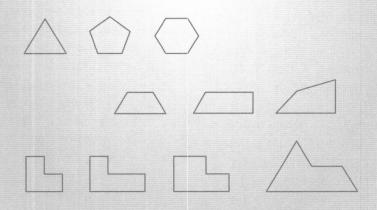

## 방법

아래 그림에서 보듯이 정사각형과 마찬가지로 정삼각형도 네 개를 서로 합쳐 놓으면 더 큰 크기의 정삼각형이 만들어지는 것을 알 수 있다.

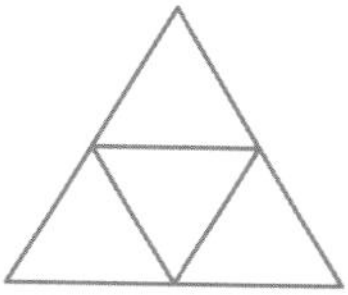

정오각형의 경우는 평면에서 테셀레이션을 만들지 못하기 때문에 네 개를 서로 합쳐 놓으면 틈이 생기게 된다. 따라서 더 큰 정오각형을 만드는 것이 불가능하다는 것을 알 수 있다. 정육각형은 테셀레이션을 만들기는 하지만 네 개를 서로 합쳐 놓았을 때는 아래 그림과 같이 되므로 더 큰 정육각형은 이루지 못한다.

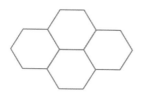

사다리꼴 사각형 가운데 대칭을 가진 경우는 아래 그림에서 보듯이 같은 모양의 더 큰 사다리꼴을 만들 수 있다. 그리고 다른 사다리꼴도 이처럼 만들 수 있기 때문에 사다리꼴은 '자기 복제self-

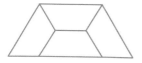

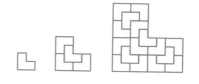

replicating'를 한다고 할 수 있다.

L 모양의 도형도 위에서 보듯이 더 큰 형태로 자기 자신을 닮은 L자 모양을 만들어 낸다.

아래에 소개하는 도형은 이집트의 스핑크스를 닮았기 때문에 '스핑크스'

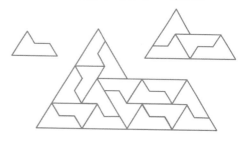

타일이라고 부른다. 얼핏 보면 쉽지 않아 보이지만 이 도형 역시 '자기 복제'를 하고 있는 것이다.

## 해답

같은 도형을 몇 개씩 결합했을 때 원래 것과 같은 모양을 하고 크기가 더 커지는 타일을 '복제 타일rep-tiles(replicating tiles)'이라고 부른다. 미국 수학자 솔로몬 골롬Solomon Golomb이 처음으로 L자 모형의 '복제 타일'을 만들어 냈다.

위의 그림에서 보듯이 스핑크스는 널리 알려져 있듯이 반은 인간이고 반은 동물(반인반수)의 모습을 한 것이 아니라 '복제 타일'인 것이다!

# 마틴 가드너 MARTIN GARDNER

가드너는 일생에 걸쳐 레크리에이션 수학 발전에 많은 공헌을 했다. 특히 25년 (1956~1981) 동안 〈사이언티픽 아메리칸〉지에 수학 게임에 관한 칼럼을 게재해 수학의 대중화에 기여했다. 레크리에이션 수학에 관한 저서만 해도 70권이 넘는다. 그는 자신의 삶과 관련해 "나는 평생 게임을 즐기면서도 돈을 버는 행운을 누렸다"고 말했다.

가드너는 1914년 미국 오클라호마주에서 태어났다. 시카고대학에서 철학을 전공했으나 졸업하던 무렵인 1936년 경제 대공황의 여파로 제대로 된 직장을 잡지 못했다. 그러다 2차 세계 대전이 발발하자 미 해군에 자원 입대했다. 전쟁이 끝난 뒤에는 잡지와 신문에 글을 기고하면서 생계를 이어가다 1950년대에 뉴욕으로 거처를 옮겼다(흥미롭게도 그곳의 주소가 유클리드가Euclid Avenue였다). 1979년 가족과 함께 뉴욕을 떠나 노스캐롤라이나로 이사를 한 그는 거기서 아내와 사별을 한 뒤 아들이 살던 고향 오클라호마로 돌아갔다. 수학의 대중화에 기여한 공로로 생전에 수많은 상을 받았던 그는 2010년 세상을 떠났다.

## 수학의 대중화

가드너는 1956년 레크리에이션 수학에 관한 자신의 최초 저서인 《수학, 마술, 그리고 미스터리Mathematics, Magic and Mystery》를

▲ "수학에는 신비한 아름다움이라고밖에는 달리 표현할 수 없는 이상한 힘이 있다." — 마틴 가드너

펴냈다. 또한 같은 해 〈사이언티픽 아메리칸Scientific American〉에 헥사플렉사곤hexaflexagon(종이를 접어 만드는 다면체)에 관한 뛰어난 글을 발표해 호평을 받았다. 이 기사 덕분에 이후 25년간 가드너는 이 잡지에 수학 게임에 관한 글을 정기적으로 기고할 수 있었다. 나중에 수학자가 된 이들 중에는 어려서 가드너의 글을 읽고 수학자의 꿈을 키웠다고 고백하는 이들도 많았으며, 일반인들 중에도 오직 가드너의 글을 읽기 위해 〈사이언티픽 아메리칸〉을 구독했다고 밝히는 이들이 적지 않을 정도였다. 이처럼 가드너의 글은 북미 지역에서 수학을 대중화하는 데 가장 큰 공을 세웠다고 할 수 있다.

## 레크리에이션 수학에 바친 일생

가드너는 수학 교육이라고는 고등학교 때까지 배운 것이 전부였지만, 수학 퍼즐이나 수학의 여러 가지 난제에 대해서는 늘 흥미를 품고 있었다. 어릴 때 아버지로부터 샘 로이드Sam Lloyd(현대 퍼즐의 선구자)가 쓴 《퍼즐 백과사전》을 선물받자 한동안 그 책에 빠져 지냈다고 한다. 또 마술 트릭에도 관심이 많았는데 이러한 호기심은 평생 지속되었다.

그는 〈사이언티픽 아메리칸〉에 기고하게 되면서 수학의 다양한 분야로 관심의 폭을 넓혀 나갔고, 그렇게 터득한 수

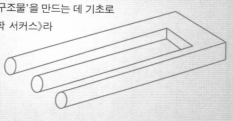

## 블리벳 BLIVET

블리벳은 착시 현상을 이용한 장치로, 한쪽 끝에서 보면 세 개의 갈래를 가진 듯이 보이지만, 다른 쪽에서 보면 갈래가 두 개밖에 없는 것처럼 보인다. 에스허르는 블리벳을 '불가능한 구조물'을 만드는 데 기초로 삼기도 했다. 가드너는 《수학 서커스》라는 책에서 블리벳과 에스허르의 작업에 대해 자세히 다루었다.

학을 대중이 이해하기 쉽도록 전달하는 능력이 탁월했다. 에스허르의 작품, 펜로즈 타일 등이 대중적으로 널리 알려지게 된 데는 가드너의 공이 대단히 컸다. 이 밖에도 탱그램tangram(사각형을 7개의 조각으로 잘라놓은 것을 여러 형태로 맞추는 중국식 퍼즐), 소마 큐브, 플렉사곤, 보드게임 '헥스Hex' 등은 물론이고, 프랙털 이론과 암호 해독 이야기도 대중에게 널리 알렸다.

## 복제 타일 REP-TILES

타일링은 레크리에이션 수학에서 즐겨 다루는 주제 중 하나다. 우리는 앞에서 뛰어난 수학자 펜로즈도 타일링을 통해 '펜로즈 타일'이라는 특이한 테셀레이션을 발견한 사실을 배웠다. 솔로몬 골롬도 타일링에 매혹된 수학자다. 골롬은 폴리오미노Polyomino(정사각형 여러 개가 이어

져서 만들어진 도형)를 발견하기도 했는데, 이것은 '테트리스'라는 게임이 나오는 데 영감을 주었을 뿐 아니라 '복제 타일' 개념이 형성되는 데도 기여했다. 이 골롬의 작업을 대중적으로 널리 알린 것도 가드너였다.

● 가드너의 저서 가운데 유명한 몇 권만 꼽자면 《주석 달린 이상한 나라의 앨리스The Annotated Alice》(1970), 《수학 서커스Mathematical Circus》(1979), 《얽힌 도넛과 수학 Knotted Doughnuts and the Mathematical Environments》(1986), 《헥사플렉사곤과 수학 유희Hexaflexagons and Other Mathematical Diversions》(1988), 《복잡한 퍼즐과 난제들Perplexing Puzzles and Tantalising Teasers》(1989), 《펜로즈 타일에서 트랩도어까지From Penrose Tiles to the Trapdoor》(1989), 《즐거운 수학 퍼즐Mathematical Puzzles and Diversions》(1991), 《종이접기, 엘레우시스 그리고 소마 큐브Origami, and Eleusis and the Soma Cube》(2008) 등이 있다.

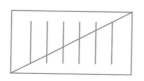
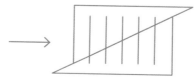

# 네트워크 이론

유클리드 기하학은 자와 컴퍼스만을 이용해 도형을 작도하는
것으로부터 탄생했다. 따라서 기본적으로 변의 길이와 각의
크기 같은 것에 관심을 기울인다. 유클리드 기하학의 핵심은
양적인 것이라고 할 수 있는 것이다. 하지만
'쾨니히스베르크의 다리' 문제나 파티에 참석한 사람들의
자리 배치 문제 같은 것은 새로운 형태의 기하학으로,
'질적인' 것에 관심을 가진다. 이 새로운 기하학은 바로
네트워크를 탐구 대상으로 삼고 있다.

## 22 미술 전시회 관람하기

### 문제

빈센트는 미술전시회를 보
러 갔다. 전시실의 구조는
오른쪽 그림과 같다. 그런
데 빈센트는 전시실의 문
들을 단 한 번씩만 지나면
서 전시회를 전부 돌아볼

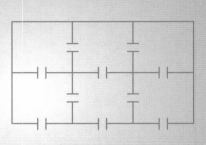

수는 없을까라고 생각해 보았다. 빈센트식으로 하려면 어떤 경로를 택
해야 할까?

### 방법

전시실 구조의 지도를 그린 다음 길을
따라가 보면 빈센트의 문제를 풀기가 그
다지 어렵지 않다. 실제로 그렇게 해 보
면 어느 전시실에서 시작하든 문을 한
번씩만 통과하면서 전체 전시실을 다 도
는 건 불가능하다는 것을 알게 된다. 왜
그런지 알아보기 위해 전시실마다 A에
서 F까지 표시를 해 보자. 그리고 전시실
바깥 공간은 G로 나타내자.

여기서 우리에게 필요한 것은 전시
실을 서로 연결하는 문이지, 전시실 자
체는 중요하지 않다. 따라서 전시장 지
도를 조금 변형시켜서 나타내 보자. 즉
전시실은 점(노드)으로 줄이고 문은 이

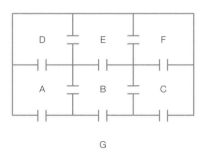

점들을 연결하는 선으로 표시하자.

　새롭게 나타낸 그림에서 보면 A전시실은 B와 D 그리고 G전시실로 연결되는 3개의 문이 있다는 것을 알 수 있다. 이런 식의 그래프에서 한 점에 모이는 선(모서리)의 수를 '결합수valency'라고 한다. 따라서 점(전시실) A의 결합수는 3이

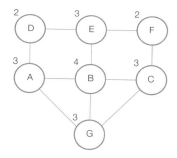

고 B의 결합수는 4가 된다.

　다시 전시장으로 돌아가 보자. 너무나 당연한 것이지만 만약 빈센트가 D전시실에 들어갔다면 그는 반드시 그 전시실을 나와야 한다. 따라서 D전시실의 결합수는 2다. 또 빈센트는 B전시실을 두 번 들어갔다가 나올 수 있다. 따라서 D 전시실의 결합수는 4가 된다.

　하지만 전시실 E는 다르다. 점 E의 결합수는 3이다. 이것은 빈센트가 그 전시실을 한 번 들어갔다가 다른 문으로 나올 수는 있지만, 다시 한 번 들어간다면 이미 사용한 문을 지나지 않는 한 나오지 못한다는 뜻이다. 여기서 알 수 있는 것은 결합수가 홀수인 전시실에서는 두 번 통과해야 하는 문이 적어도 하나

이상 있다는 말이 된다.

　어떤 전시실의 결합수가 홀수인가? 4개의 전시실이 그렇다. 즉 A (3), C (3), E (3), G (3)이다. 결국 빈센트는 어느 전시실에서 관람을 시작해도 전체 전시실을 다 돌기 전에 같은 문을 두 번 지나게 된다.

## 해답

빈센트는 문들을 한 번씩만 통과하면서 모든 전시실을 다 돌아볼 수는 없다. 그냥 편하게 그림 구경이나 마음껏 하는 편이 낫겠다!

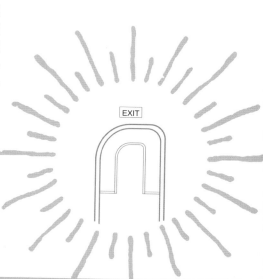

EXIT

# 쾨니히스베르크 다리

전시실 문을 단 한 번만 통과하면서 모든 전시실을 돌 수 있느냐는 문제는 '그래프 이론'이라고도 불리는 '네트워크 수학'의 한 예다. 전시회 관람 문제를 풀 때 그린 그래프는 신문에서 투표율 등을 나타내기 위해 사용하는 그래프와는 모양이 다르지만 수학적으로는 매우 유용하다. 그래프 이론은 레온하르트 오일러(→ pp.132~133)가 그 유명한 쾨니히스베르크Königsberg에서의 산책에서 처음 아이디어를 얻은 것으로 알려져 있다.

당시 프로이센의 수도였던 쾨니히스베르크의 프레겔강에는 두 개의 섬이 있었는데, 일곱 개의 다리들이 이 두 개의 섬과 남쪽과 북쪽의 강변을 연결했다.

쾨니히스베르크 주민들은 일요일마다 산책을 하는 걸 좋아했다고 한다. 그들 사이에는 다리를 한 번씩만 건너서 7개의 다리를 모두 지나갈 수 있는 방법에 관한 문제가 전해 오고 있었다. 오일러는 이 이야기를 듣고 본격적으로 문제를 푸는 데 몰두해 결국 1735년 해답을 발견했다. 다리를 한 번씩만 건너서는 결코 전체 다리를 건널 수 없다는 것을 증명했던 것이다.

그는 이 문제를 푸는 과정에서 이것이 이전까지의 그 어떤 수학 문제와도 성격이 다르다는 것을 발견했다. 그래서 새로운 접근법을 사용했다. 오일러는 이 문제를 풀 때 가장 중요한 것은 잔가지는 쳐 내고 본질적인 것만 남겨놓는 것이라는 것을 깨달았다. 즉 강이나 다리, 섬의 위치나 모양은 중요하지 않다는 것이다. 중요한 것은 다리를 건너는 사람이 있을 수 있는 위치와, 그 위치들 사이의 연결이었다. 사람이 있을 수 있는 위치는 네 군데밖에 없었다. 즉 양쪽 강변

아니면 두 개의 섬. 이 네 곳은 점으로 축소해서 표시할 수 있고 그것들을 연결하는 다리는 선으로 나타낼 수 있다. 이렇게 본질적인 것만 남기면 쾨니히스베르크의 지도는 아주 단순해진다.

이러한 네트워크 표현 방식을 통해 오일러는 왜 다리를 한 번씩만 이용하면 7개의 다리를 모두 건너는 것이 불가능한지를 보여 줄 수 있었다. 그는 7개의 다리를 모두 일주하는 데는 두 가지 방법이 있다는 사실에 착안했다. 즉 출발지와 도착지가 같은 '닫힌 일주'와, 출발

▼ 쾨니히스베르크의 7개 다리는 두 개의 섬을 서로 연결하고, 남과 북의 강변을 잇는 역할을 한다.

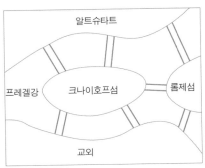

알트슈타트

프레겔강 　　크나이호프섬　　롬제섬

교외

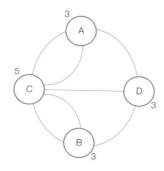

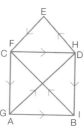

지와 도착지가 다른 '열린 일주'가 있다. '닫힌 일주'가 되기 위해서는 한 점으로 들어가는 선과 나가는 선이 매치가 되어야 한다. 즉 한 점에 모이는 선의 개수가 짝수여야 한다(점의 '결합수'가 짝수여야 한다). 위에 그려진 네트워크 그림을 보면 네 개의 점(노드) 가운데 세 개(A, B, D)는 결합수가 3이고, 나머지 하나(C)는 5라는 걸 알 수 있다. 따라서 닫힌 일주가 불가능하다.

'열린 일주'의 경우는 단 두 점에서만 결합수가 홀수여야 한다. 그 두 점은 출발점과 도착점이다. 그런데 쾨니히스베르크의 네트워크를 보면 홀수인 결합수가 4개나 된다. 따라서 열린 일주도 불가능하다.

오일러의 뛰어난 점은 이 문제의 해법을 다른 어떤 네트워크에도 적용할 수 있다는 사실을 보여 주었다는 점이다. 네트워크의 어느 한 점에서 출발해 같은 경로를 두 번 이상 지나지 않고 모든 점을 다 지날 수 있다면 그 네트워크는 완전하게 연결된 네트워크라고 할 수 있다. 그런 네트워크가 되기 위한 조건은 홀수의 결합수를 가진 점이 두 개보다 많아서는 안 된다는 것이다. 즉 모든 점의 결합수가 짝수이거나, 모든 점 가운데 하나 혹은 두 개만이 결합수가 홀수

이면 '닫힌 일주'나 '열린 일주'가 가능하다. 이런 네트워크 문제는 여러분도 가끔 접해 보았을 것이다. 레크리에이션 수학에 자주 등장하는 이른바 '한붓 그리기' 문제로, 펜을 떼지 않고, 같은 길을 두 번 이상 지나지 않으면서 전체 모형을 그려야 한다는 문제 같은 것이다.

### 경로PATH와 회로CIRCUIT

단 두 개의 점만이 결합수가 홀수인 네트워크를 생각해 보자. 선을 한 번씩만 지나면서 전체를 돌려면 이 두 점 가운데 한 점이 출발점, 다른 점은 도착점이 되어야 한다. 이런 네트워크를 '오일러의 경로'라고 부른다. 반면 모든 점의 결합수가 짝수인 네트워크에서는 출발점과 도착점이 동일하게 된다. 이런 네트워크는 '오일러의 회로'라고 한다.

### 현대의 적용

다른 많은 수학 이론들처럼 오일러의 네트워크와 그래프 이론은 애초에는 수학적인 호기심에서 비롯되었다. 하지만 지금은 여러 분야에서 그래프 이론이 응용되고 있다. 예를 들어 생물학에서 RNA가 몇 조각만 남아 나머지를 복구하려고 할 때 '오일러의 회로'가 매우 중요한 역할을 한다.

# 레온하르트 오일러 LEONHARD EULER

오일러는 우리가 현재 사용하고 있는 수학적 표기법과 용어들 가운데 다수를 발견한 스위스의 수학자이자 물리학자였다.

오일러는 페르마의 정수론을 발전시켰고 소수와 완전수에 대한 이론에도 기여했다. 또 '쾨니히스베르크의 7개 다리 문제'에 대한 해법을 제공하면서 오늘날 컴퓨터 네트워크의 기초가 되는 그래프 이론을 발견했다. 그는 현실 세계의 많은 문제들을 수학적인 해석으로 접근해 답을 찾아냈으며, 미적분학을 물리학에 적용하기도 했다. 또한 벤 다이어그램과 비슷한 오일러 다이어그램을 개발해 논리적인 도구로 사용했다. 기하학에서는 '오일러의 선'의 존재를 증명했으며, 다면체를 이루는 다각형의 면, 모서리와 꼭짓점 사이에는 일정한 관계가 있다는 '오일러의 정리'도 발견했다. 대각

선으로 다각형을 분할하는 것과 관련된 공식도 그의 머리에서 나왔고, 원주율을 이전보다 더 정확하게 계산하는 방법도 내놓았다. 오일러는 수학자들 가운데 가장 많은 저서를 낸 것으로도 유명한데 모두 886권에 달한다.

## 오일러의 생애

오일러는 1707년 스위스의 바젤에서 태어났다. 처음에는 아버지처럼 목사가 되기 위해 공부했으나 수학자인 베르누이가 수학자가 되도록 적극적으로 밀어주었다. 20세 때 러시아 왕립과학원에 연구원으로 들어가 인간의 목소리, 음파와 음악, 시각의 메커니즘, 망원경과 현미경 등에 대해 연구했다.

러시아의 정치적 상황이 혼란스러워지자 1741년 프로이센의 프레데릭왕의 초청으로 베를린 과학아카데미로 자리를 옮겼다. 베를린에서 왕의 자녀들을 가르치고, 미적분과 과학 분야를 연구하면서 25년간 머물게 된다. 오일러는 나이가 들면서 시력이 점점 악화돼 한쪽 눈은 거의 실명 상태가 되었고 다른 쪽 눈은 백내장에 시달렸다. 그럼에도 강인한 정신력으로 복잡한 수학 난제들을 붙들고 해법을 찾는 일을 멈추지 않았다.

**"이제 나는 이전보다 덜 산만해지겠군."** — 레온하르트 오일러, 오른쪽 눈을 실명하게 된 것을 알고서.

## 카탈란 수CATALAN NUMBERS

카탈란 수는 1, 1, 2, 5, 14, 42, 132, 429…로 진행되는 수열을 말한다. 발견자인 벨기에의 수학자 유진 카탈란Eugene Catalan(1814~1894)의 이름을 딴 것이다. 오일러의 다각형 분할 방법뿐 아니라 원탁에 앉은 사람들이 서로 악수할 수 있는 방법의 수도 카탈란 수에 해당한다. (A, B, C, D 두 쌍의 사람들이 동시에 악수를 할 수 있는 방법은 A-B, C-D 또는 A-C, B-D 두 가지뿐이다. A, B, C, D, E, F 세 쌍의 사람들이 서로의 팔을 교차하지 않고 동시에 악수를 할 수 있는 방법은 5가지다. (A-B, C-D, E-F), (A-B, C-F, D-E), (A-F, B-C, D-E), (A-F, B-E, C-D), (A-D, B-C, E-F)

그는 기억력이 사진을 찍듯이 비상해서 베르길리우스의 《아이네이드》를 통째로 다 암송할 정도였다고 한다. 1766년 카트린 여왕이 다시 불러 러시아로 돌아간 오일러는 생의 말년을 거기서 보내다 1783년 세상을 떠났다. 슬하에 13명의 자식을 두었으나 대부분 어릴 때 사망하고 5명만이 살아 남았다고 한다.

## 오일러의 다각형 분할 문제

1751년에 오일러는 동료 수학자인 크리스티앙 골드바흐Christian Goldbach에게 문제를 하나 냈다. 볼록 다각형을 대각선을 이용해 삼각형으로 나누는 방법은 몇 가지나 있을까 하는 것이었다.

정사각형의 경우는 두 가지이고, 오각형은 다섯 가지 방법이 있다. 육각형은 더 많아 14가지가 있다.

그 방법 수를 다각형 크기에 따라 차례로 나타내면 1, 2, 5, 14, 42, 132… 식으로 점점 크게 늘어난다. 오일러는 이 수들을 간단하게 계산할 수 있는 공식을 발견하기 위해 많은 공을 들였다.

 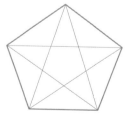 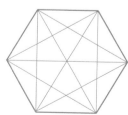

▲ 다각형을 대각선을 통해 삼각형으로 나누는 방법을 보여 준다. 그림에는 나타내지 않았지만 칠각형의 경우에는 42가지의 방법, 8각형은 132가지 방법이 있다.

# 파티에서 자리 배치하기

**방법**

이 문제는 그래프 이론을 이용해 해결책을 찾아볼 수 있다. 파티에 참석하는 손님들을 점으로 나타내고 그들 사이의 관계는 선으로 표현하는 것이다. 먼저 다섯 명을 초대한다고 해 보자. 이 다섯 손님들을 자기 좌우에 앉은 사람은 잘 알지만 그 외 다른 두 사람은 초면이 되도록 앉히는 건 가능하다.

하지만 그림에서 볼 수 있듯이 관계망이 삼각형을 이루지는 않는다. 즉 한 손님이 자신의 좌우에 앉은 사람과는 알지만, 좌우에 앉은 두 사람끼리는 서로 모르는 것이다. 따라서 이것은 버블스가 원하는 관계가 성립되지 않은 것이다. 그러면 세 사람이 서로 낯선 관계에 있

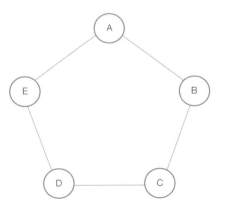

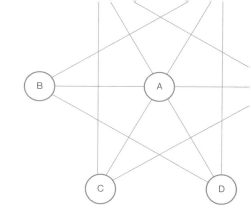

는 경우는 어떤가? 이를 알아보기 위해서는 아래 그림처럼 서로 모르는 사람들을 연결시키는 네트워크를 만들어 보면 된다.

이 역시 한 사람을 중심으로 삼각형이 만들어지지 않으므로 3인조로 된 낯선

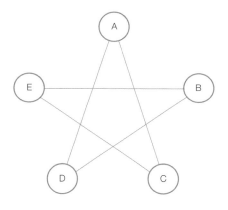

사람들은 없다고 할 수 있다. 버블스가 원하는 관계가 성립되지 않은 것이다.

그렇다면 손님을 한 명 더 늘려 6명을 초대하면 어떨까? 전체 네트워크를 그리기 전에 손님들 중 한 명을 아가타라고 부르기로 하고 아가타에게 집중을 해 보자. 아가타는 다른 다섯 손님 중 적어도 세 명을 알거나 아니면 적어도 세 명의 손님들과 몰라야 한다고 해 보자. 먼저 아가타가 적어도 세 명과 아는 관계일 때를 따져 보자(더 많은 사람들을 알아도 상관이 없다. 최소한 세 명이기 때문이다). 아가타(A)와 세 명의 친구를 연결하는 네트워크를 그리는 것은 그림에서 보듯이 간단하다.

아가타가 아는 세 친구들이 자기들끼리는 전혀 모른다면 우리는 이 세 명으로 낯선 사람들 3인조를 찾은 셈이 된다. 만약 그들 중 두 사람이 서로 안다면 우리는 아가타를 포함한 공동의 친구 3인조를 찾은 셈이다. 따라서 아가타가 다른 다섯 명의 손님 중 적어도 세 명을 안다면 3인조로 된 공동 친구들, 혹은 3인조로 된 낯선 사람들을 찾아낼 수 있어 버블스가 원하는 관계가 된다.

그렇다면 아가타가 최소한 세 명과 낯선 경우일 때는 어떨까? 먼저 그 세 명 중 두 명이 서로를 모른다면 그 둘과 아가타는 낯선 사람들 3인조가 되기 때문에 문제가 없다. 그리고 아가타가 모르는 세 명이 서로 친구 사이라면, 이 세 명으로 공동 친구 3인조를 찾은 셈이므로 이 역시 버블스로서는 문제가 없다.

### 해답
버블스가 적어도 여섯 명의 손님을 파티에 초대한다면 공동의 친구 3인조, 혹은 낯선 사람들 3인조를 반드시 찾을 수 있다. 건배!

# 4색 문제

1852년, 영국에서 수학과 학생이던 프랜시스 구트리에Francis Guthrie(훗날 수학자가 됨)는 지도에서 인접한 두 지역끼리는 같은 색을 갖지 않도록 색칠을 할 때, 필요한 색의 수는 몇 가지가 될까라는 문제에 흥미를 가졌다. 갖가지 방법으로 시도를 해 본 그는 지도가 어떤 배열을 갖든 네 가지 색 이상을 필요로 하지는 않는다는 사실을 알아냈다. 하지만 이것을 논리적으로 명료하게 증명하는 데는 실패했다. 그의 스승이었던 수학자이자 논리학자인 오거스터스 드 모르간Augustus De Morgan('드 모르간의 법칙'으로 잘 알려짐)도 이 사실을 증명하지 못했다. 이해하기에 별로 어렵지 않은 간단한 문제처럼 보이는 이 '4색 문제'는 이후 한 세기 이상 수학자들을 쩔쩔매게 했다.

## 배지 만들기

배지를 만드는 사람이 아래 그림과 같은 세 가지 디자인으로 배지를 만들려고 한다. 인접한 부분들끼리 서로 다른 색이 되도록 하려면 각 배지마다 필요한 색의 수는 몇일까? 면들 사이의 경계선은 같은 색이어도 상관이 없다.

첫째 배지에 필요한 색은 단 두 가지다. 대각선 방향으로 서로 마주 보는 면들끼리 같은 색으로 칠하면 되기 때문이다.

둘째 배지는 첫째보다 분할된 면의 수가 더 적지만 필요로 하는 색은 세 가지다. 각 면에 서로 다른 색을 칠해야 하기 때문이다. 또 넷째 배지는 네 가지 색이 있어야 한다.

그런데 아무리 다양한 디자인으로

배지를 만든다고 해도 다섯 가지 색을 필요로 하는 경우는 결코 없다. 이것이 바로 '4색 문제'의 본질이다. 어떤 지도나 디자인을 인접한 부분들이 같은 색을 지니지 않게 색칠하는 데 필요한 최고의 수는 4다.

## 단순함에 숨은 복잡성

4색 문제를 이해하는 건 어렵지 않지만 이 사실을 증명하는 건 굉장히 힘들다. 지금까지 그 누구도 네 가지 색으로 색칠이 되지 않는 지도를 그리지는 못했지만, 그것만으로는 이 세상 어딘가에 네 가지보다 더 많은 색이 필요한 지도가 숨어 있을지도 모른다는 회의적인 생각을 누르기에 충분치 않은 것이다.

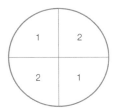
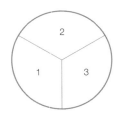
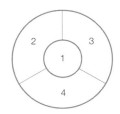

네트워크 이론

## '4색 문제'는 '4색 정리'로

어쩌면 겉으로 보기에 간단하기 때문에 수학자들이 4색 문제를 진지하게 접근하지 않았는지도 모른다. 이렇게 간단한 문제는 증명도 간단할 것이라고 지레 짐작하고 아예 무시하고 지나쳤을 수도 있다. 4색 문제를 다룬 글이 처음 나온 것은 1869년 익명으로 발표된 것이었고, 10년 뒤인 1879년에는 영국 수학자 아서 케일리Arthur Cayley가 왕립지리협회에 제출할 목적으로 이 문제를 취급했다. 같은 해에는 알프레드 켐프Alfred Kempe가 증명을 시도했지만 이 증명에 결함이 있다는 것이 1890년 퍼시 히우드Percy Heawood에 의해 밝혀졌다. 이후 80여 년간 이 문제는 수학계에서 더 이상 거론되지 않았다. 그러다 1976년 케네스 아펠Kenneth Appel과 볼프강 하켄Wolfgang Haken이 컴퓨터를 이용해, 가능한 모든 지도 패턴 1500가지 정도를 확인해 4색 문제를 증명했다고 발표했다. 이후 1996년에는 약 500가지의 지도 패턴을 추가해 발표했다. 당시에는 이런 식의 증명이 올바른 증명 방법이냐를 놓고 뜨거운 논란이 일었으나, 지금은 이 증명을 서서히 받아들이고 있는 분위기다. 그래서 '4색 문제'는 '4색 정리'로 자리잡아가게 되었다.

"어떤 화가가 몸집이 작은 갈색 송아지와 덩치가 큰 갈색 개를 그린다고 하자…… 이때 화가는 한눈에 보아도 그 둘을 분간할 수 있도록 서로 다른 색을 칠해야 한다. …… 그건 지도도 마찬가지다. 지도에서 나라마다 다르게 색칠돼 있는 것은 바로 이런 이유 때문이다." — 마크 트웨인Mark Twain

## 4색에서 7색으로

'4색 정리'는 2차원의 평면을 포함해, 구나 원통형의 표면에 그린 지도에서도 유효하다. 하지만 도넛이나 튜브 같은 입체 — 이런 모양을 수학에서는 '원환체 torus'라고 한다 — 의 표면에 지도를 그린다면 어떻게 될까? 이 경우에는 7가지 색이 있으면 인접한 지역이 같은 색으로 되지 않는 지도를 만드는 것이 가능하다. 아래 그림은 7가지 색으로 칠해진 지도를 어떻게 원환체로 변형시킬 수 있는지를 보여 준다.

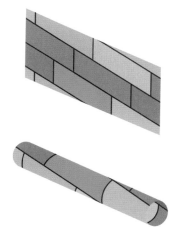

## 5색 문제

**문제**

앞에서 우리는 지도를 색칠할 때 네 가지 색만 있으면 충분하다는 사실을 수학적으로 엄밀하게 증명하기가 간단하지 않다는 것을 알아보았다. 그렇다면 관점을 바꾸어서 다음과 같은 지도를 생각해 보자. 다섯 지역이 모두 서로 인접해 있어서 이들을 구별하기 위해서는 5가지 색이 필요한 지도 말이다. 이런 지도를 그리는 것이 과연 가능할까?

**방법**

이 지도 문제를 풀려면 일단 지도를 네트워크로 치환해야 한다. 사실 모든 지도는 거기에 대응하는 네트워크로 바꿀 수 있다. 이 경우 각 지역은 네트워크에서 점으로 표시되고, 인접한 지역들끼리는 서로 선으로 연결해서 나타내면 된다. 아래 그림은 그렇게 치환한 예를 보여 준다.

여기서 주목할 것은 네트워크의 각 점에서 세 개의 다른 점을 연결하는 선들이 서로 교차하지 않는다는 사실이다.

따라서 우리는 위에서 주어진 문제를 다음과 같이 바꿀 수 있다. 다섯 개의 점과 그것들을 잇는 선으로 이루어진 네트워크를 만든 다음, 그 선들이 서로 교차하는지 하지 않는지를 알아보는 것이다. 만약 이 선들이 서로 교차하지 않는다면 다섯 가지 색이 필요한 지도가 존재한다고 할 수 있고, 하나라도 교차한다면 그런 지도는 존재할 수 없다고 결론지을 수 있다.

네트워크를 간단하게 나타내기 위해 다음 페이지의 그림처럼 다섯 개 지역을 정오각형의 각 꼭짓점에 배치하고 그것들을 각각 A에서 E까지의 알파벳으로

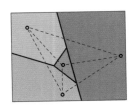  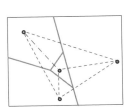

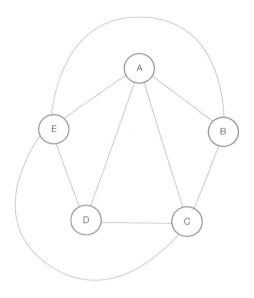

표시하자.

　점 A와 다른 네 점 B, C, D, E는 정오각형의 두 변과 내부를 통과하는 두 개의 선으로 연결된다. 점 B의 경우에는 A, C와는 정오각형의 두 변으로 연결되고, 점 E와는 정오각형 외부를 통해 이

어진다. 그러나 점 D와 연결하기 위해서는 정오각형 내부에서는 점 A에서 나온 선과 교차할 수밖에 없고, 정오각형 외부를 통하자면 점 C와 E를 잇는 선과 교차할 수밖에 없다. 결국 네트워크에 나타난 다섯 개 점들끼리는 서로 교차하지 않으면서 연결선을 그을 수가 없고, 그것은 바로 다섯 가지 색이 필요한 지도를 만드는 것은 불가능하다는 뜻이다.

**해답**

우리는 평면 위에서는 다섯 지역들이 모두 서로 인접하면서 존재할 수 없다는 것을 알게 되었다. 하지만 안타깝게도 이 '5색 정리'가 곧 '4색 정리'가 올바르다는 것에 대한 증명은 되지 못한다. 네 가지 색만으로는 모든 지역을 색칠할 수 없는 지도가 존재할 가능성이 완전히 배제된 것은 아니기 때문이다.

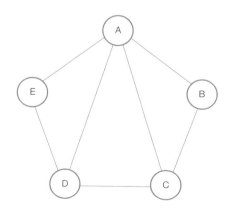

# 파울 에르되시 PAUL ERDÖS

헝가리의 수학자 파울 에르되시는 괴짜로 널리 알려져 있다. 그는 역사상 그 어떤 수학자보다 많은 논문을 발표했으며, 수백 명에 이르는 동료 수학자들과 공동 연구를 한 것으로도 유명하다. 에르되시는 매우 존경받는 수학자였기 때문에 그와 함께 연구를 한다는 것 자체가 영광이었다. 수학자들 사이에서 '에르되시의 수'라는 용어가 만들어질 정도였다. 즉 그와 함께 직접 연구를 진행한 수학자에게는 '에르되시 수 1'이 주어졌고, '에르되시 수 1'과 직접적으로 일한 사람에게는 '에르되시 수 2'를 부여하는 식으로 계속되는 것이었다. 그 결과 '에르되시 수 2'를 받은 수학자는 약 4500명이었고, 하나라도 '에르되시 수'를 받은 수학자들은 모두 20만 명이나 되었다고 한다.

에르되시는 정수론, 조합 이론, 그래프 이론, 집합론 등 다양한 수학 분야에서 논문을 발표했으며, 컴퓨터 과학의 기초가 되는 '이산 수학'이라는 새로운 분야를 개척하기도 했다.

## 체비세프의 정리로 주목받다

에르되시는 1913년 부다페스트의 유대인 가정에서 태어났다. 어릴 때부터 신동이어서 세 살 때 혼자 힘으로 음수를 발견했다. 누나 둘이 성홍열에 걸려 죽는 바람에 에르되시는 어려서부터 부모의 과보호를 받으며 성장했다. 둘 다 수학 교사였던 에르되시의 부모는 그를 학교에 보내지 않고 집에서 교육시켰다. 에르되시는 20세 때 부다페스트대학에서 박사 학위를 받았다. 이 무렵 그는 '체비세프의 정리Chebyshev's theorem'를 간결하게 증명해 주목받기도 했다. 체비세프의 정리란 '1보다 큰 수에서, 그 수와 그 수의 두 배수 사이에는 적어도 하나의 소수가 존재한다'는 것이다. 헝가리에 반유대주의 바람이 불자 위태로움을 느낀 그는 영국의 맨체스터대학으로 옮겼고, 이후 세계 각지를 다니면서 학회에 참석하거나 동료 수학자들과 함께 연구를 진행하는 생활을 계속했다. 한때 미국 대학에 교수 자리를 얻기도 했으나 매카시즘 바람이 불면서 미국 입국이 거절되어 무산되었다. 그는 1963년이 되어서야 미국을 출입할 수 있게 되었다.

## 떠도는 수학자

에르되시가 평생 소유한 것은 여행 가방 하나뿐이었다. 그는 '재산은 골칫거리만 만든다'고 생각했다. 그의 삶은 전 세계를 돌며 수많은 강의실과 캠퍼스를 찾아다니고 다른 수학자들과 커피를 마시며 대화를 나누는 것으로 이루어져 있었다.

에르되시의 어머니는 늘 아들과 함께 다니면서 그를 돌보아주었다. 1976년 어머니가 세상을 떠난 이후에는 미국 수학자론 그레이엄Ron Graham이 에르되시를 도와 그가 지낼 수 있는 주택을 제공해 주었고 재정 문제와 일상적인 일들도 처리해 주었다. 에르되시는 자신에게 생기는 수입을 전액 장학금이나 자선 단체를 위한 기부금으로 내놓았다. 또 미해결된 어려운 수학 문제를 내놓고는 이를 푸는 사람에게 자신의 수입으로 마련한 상금을 수여하는 것을 즐기기도 했다. 이런 이벤트는 그가 세상을 떠나고 난 지금도 그가 남긴 재산으로 계속되고 있다. 그는 1996년 바르샤바에서 개최된 한 학회에서 수학 문제를 풀던 도중 심장마비가 와 83세의 나이로 세상을 떠났다.

## 에르되시가 낸 문제

에르되시는 평생 셀 수 없이 많은 수학의 난제들을 제기했고, 이를 풀기 위해 동료 수학자들과 함께 연구하기를 좋아했다. 이 문제들 중 많은 것들은 재능 있는 학부 대학생들에 의해 풀리기도 했다. 에르되시가 낸 문제들 가운데는 그래프 이론이나 네트워크의 연결을 다루는 것들이 많았다. 그중의 한 예가 '에르되시 – 파베르 – 로바츠 추측'(1972)이다. 이것은 4색 문제처럼 그래프를 색칠하는 문제와 관련돼 있다. 이 문제는 에르되시가 대학의

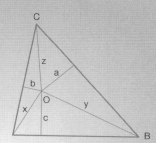

▲ 에르되시는 '점 O에서 삼각형의 세 변까지의 거리를 모두 합한 것은, 점 O에서 삼각형의 세 꼭짓점까지의 거리를 합한 것보다 작거나 같다'는 것을 증명하라는 문제를 냈다. 이 문제는 1937년 루이스 모르델Louis Mordell에 의해 증명되었다.

각종 위원회를 보면서 처음 구상한 것으로, 어떤 사람이 서로 다른 위원회에 참석할 때마다 항상 같은 자리에 앉지 않는 것이 가능한가라는 것이었다.

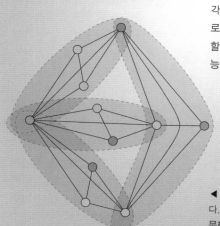

◀ '에르되시 – 파베르 – 로바츠 추측'의 한 예다. 각 꼭짓점에 있는 네트워크의 연결은 4색 문제로 환원할 수 있다.

# 사영기하학 PROJECTIVE GEOMETRY

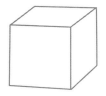

왼쪽 도형의 이름은 무엇인가? 정육면체라고? 그렇게 생각하면 교실 뒤쪽에 가서 서라(걱정 마시라. 아마 다른 사람들도 모두 당신과 함께 뒤쪽으로 갈 것이다). 물론 당연히 정육면체가 맞다. 하지만 정육면체는 3차원적인 입체이고, 이 그림은 그것을 2차원인 평면에 나타낸 것일 뿐이다. 이처럼 우리는 너무나도 자연스럽게 평면에 그려진 도형을 입체적인 것으로 바라보는 데 익숙해져 있다. 3차원 입체를 2차원의 평면에 나타내는 것이 갖는 수학적인 의미를 고민하기 시작한 것은 17세기 중반부터였다.

## 시각적인 속임수

이탈리아 르네상스 시기의 화가들은 세상의 아름다움을 평면 위에 나타내는 방법에 관심이 많았다. 이탈리아 화가이자 건축가인 레온 바티스타 알베르티Leon Battista Alberti(1404~1472)는 사영기하학을 창안한 사람 중 한 명이다. 그는 3차원의 입체가 벽이나 막에 투사되었을 때 나타나는 이미지를 포착하고자 했다. 이를 위해 알베르티가 택한 첫 번째 트릭은 그림을 그릴 때 한쪽 눈만 사용하는 것이었다. 우리가 양쪽 눈을 가지고 있다는 것은 각각의 눈이 미세하게나마 대상을 다르게 인식한다는 것을 뜻한다. 양쪽 눈에서 보내오는 미세하게 다른 이미지를 뇌에서 조합해 3차원에 대한 감각과 거리 감각을 갖게 되는 것이다. 그래서 한쪽 눈을 감으면 입체적인 시야가 배제되면서 세상에 대한 인식이 '평평하게' 된다. 현대적인 3D 영화들은 이런 과정을 뒤집은 것이다. 즉 3D용 안경은 실제 눈이 입체적인 이미지를 보는 것과는 다르게 (스크린에 나타나는) 평면적인 이미지를 서로 약간 다르게 보도록 해서, 평면 이미지가 마치 입체에서 나오는 것처럼 믿도록 뇌를 속이는 것이다.

알베르티의 두 번째 트릭은 그리고자 하는 대상과 자신 사이에 평면을 세우는 것이었다. 이 평면이란 일정한 간격으로 점이 찍혀 있는 얇은 유리였다. 그래서 대상과 유리의 점이 일치하는 지점들을 연결해서 유리 위에 그리면 실제 풍경을 정밀하게 묘사한 것처럼 되는 것이다. 이후 알베르티는 격자무늬가 찍힌 망사로 된 막을 세워놓고 대상과 격자무늬의 점들이 일치하는 곳들을 연결해 수평하게 놓인 캔버스에 그림으로 나타내는 시도를 했다.

한편 1636년에는 프랑스 수학자이자 건축가 제라르 데자르그Gérard Desargue(1593~1662)가 물체를 투사할 수 있는 기하학적인 방법에 관한 논문을 발표했다. 그는 원근법을 통한 그림 그리기를 설명하면서, 원근법으로 3차원 입체가 2차원의 평면으로 옮겨질 때 어떤 요소들이 변하지 않고 보존되는지를 파악했다. 즉 원근법에서는 점과 선, 면들은 대부분 보존되지만, 각의 크기와 변들 사이의 관계는 대부분 바뀌게 된다. 그중에서도 가장 눈에 띄는 차이점은 평행선들이 만나는 방식이다. 원근법에서는 평행선들이 '소실점'을 향해 점차 좁혀지면서 결국은 만나게 된다. 이것은 사영기하학에서 일어나는 현상으로 실제 세계에서는 평행선이 한 곳에서 모이는 일이 없다.

그렇다면 사영기하학에서는 3차원 입체를 어떤 방법으로 평면 위에 정확하게 나타내게 될까? 체스판을 예로 들어보자. 이와 관련해 알베르티는 다음 일련의 그림에서 설명하는 것과 같은 깔끔한 해결책을 알고 있었다.

◀ 종이 위에 체스판의 격자무늬 간격만큼 점을 찍은 다음, 각각의 점에서 선을 그어 소실점에서 만나도록 한다(이 선들은 체스판의 평행한 '수직선'과 같다).

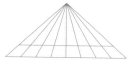

◀ 밑선과 나란히 수평선을 긋는다.

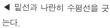

▶ 가장 아래에 있는 왼쪽 사각형에서 대각선을 긋고, 맨 오른쪽에 위치한 '수직선'과 만날 때까지 대각선을 연장한다.

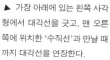

▼ 연장된 대각선과 다른 '수직선'들이 만나는 곳에서 수평선을 긋는다. 그 위의 나머지 부분을 없애면 체스판을 투사한 그림이 된다.

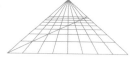

## 파푸스의 육각형 정리
### PAPPUS' HEXAGON THEOREM

올리브 나무가 세 그루씩 양쪽으로 일렬로 서 있다고 해 보자. 그리고 이 두 열은 서로 평행하지 않다. 이 두 열 사이에 올리브나무 세 그루를 다시 일렬로 더 심는다고 할 때 어떻게 심어야 올리브나무 세 그루가 일렬로 늘어선 모습이 모두 10가지가 되도록 할 수 있을까?

이 문제는 '파푸스의 육각형 정리'로 풀 수 있다. 이 정리는 두 직선 위에 각각 세 점이 놓여 있을 때, 그 두 직선 사이에 다시 일직선으로 세 점을 배열하면 점의 위치에 상관없이(아홉 개의 점들 가운데) 세 개의 점들끼리는 항상 일직선 위에 놓이게 된다는 것이다(그림 참조).

따라서 올리브나무 세 그루가 일렬로 늘어

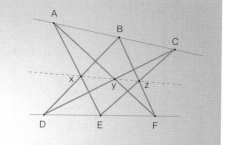

선 모습이 모두 10가지가 되려면, 새로 심는 x, y, z 세 그루 가운데 y만 B 및 E와 일직선이 되도록 심으면 나머지 나무는 어디에 심어도 상관없게 된다. 340년 무렵 나온 '파푸스의 육각형 정리'는 어떤 측정도 필요로 하지 않는다는 점에서 사영기하학의 첫 번째 사례로서 자주 거론되고 있다.

# 메르카토르MERCATOR

원통 모양의 통 안에 테니스 공이 들어 있는 모습을 상상해 보자. 이때 평면을 가지고 수평으로 원통과 그 안에 든 공을 한꺼번에 자르면 어떻게 될까? 평면과 공이 만나는 지점에서, 공의 표면에 있는 이미지를 원통에 투사할 수 있을 것이다. 이렇게 공의 표면을 모두 투사한 다음 원통을 수직으로 잘라 가로로 펼치면 공에 대한 평면 투사도를 얻을 수 있다. 이런 식으로 하면 지구 표면에 대한 투사도, 즉 세계 지도도 만들 수 있게 된다.

## 평평한 지구

지구가 거대한 원통에 담겨 있다고 생각하고 앞에서 한 것처럼 지구의 각 점을 원통에 투사한 다음 원통을 수직으로(편의상 동경 180° 지점으로 하자) 잘라서 펼친다고 상상하자. 이렇게 하면 아래 그림과 같은 흥미로운 세계 지도가 얻어진다.

이 지도는 우리가 흔히 접하는 지도와는 다르게 생겼다. 남극은 지도의 아래쪽에서 옆으로 쭉 뻗어있는 것처럼 보인다. 가장 낯선 점은 이 지도에서는 실제 경도선이나 위도선과는 달리 모두가 평행하다는 것이다. 비록 낯설기는 하지만 이것을 세계 지도로 받아들여도 괜찮을까? 지도는 사용하기에 편리하면 그만큼 좋은 것이다. 그렇다면 이 지도는 비행기나 배가 이동하는 데 얼마나 편리하고 도움이 될까?

앞에서 배웠듯이(→ pp.92~93) 지구 표면의 두 점을 잇는 가장 짧은 거리는 대원을 따라서 존재한다. 그런데 '원통 투사 도법'에서는 대원을 따르지 않게 된다. 예를 들어 뉴욕에서 로마로 갈 때 항공기는 두 지역을 잇는 대원을 항로로 택하지 않으며, 이전에 선원들이 따랐던 항정선으로도 가지 않는다. 왜 이런 문

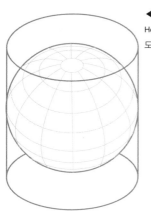

◀ 스위스의 수학자이자 천문학자인 요한 하인리히 람베르트Johann Heinrich Lambert가 1772년도에 원통 투사 도법에 따라 만든 지도다. 지도상의 면적이 실제 면적을 거의 정확하게 반영한다는 장점이 있다.

▲ 람베르트가 원통에 투사한 방식으로 만든 세계 지도는 대양에 초점을 맞추고 있어 중앙 자오선이 서경 160°다.

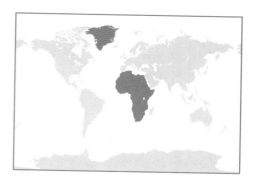

▶ 메르카토르 투사법으로 만든 세계 지도는 적도에서 멀어질수록 면적이 실제보다 점점 더 커진다는 약점이 있다. 그래서 그린란드가 아프리카만큼 커 보인다.

제가 생기느냐 하면 원통 투사 도법에서는 입체가 원래 가지고 있던 각도가 보존되지 않기 때문이다. 따라서 각도가 보존되는 지도가 필요하며 이런 투사법을 '정각 도법'이라고 부른다. 정각 도법으로 만들어진 지도에서도 두 점을 잇는 가장 짧은 선이 대원을 따르지는 않지만 항정선은 제대로 보여 줄 수 있게 된다.

## 메르카토르 지도

우리들이 익숙한 세계 지도는 메르카토르 지도로서 정각 도법을 채택하고 있다. (네덜란드의 지리학자 헤르하르뒤스 메르카토르Gerhardus Mercator가 1569년에 완성한 세계 지도인 메르카토르 지도는 항해도로 처음 사용되었다.) 이 지도에서는 직선이 항정선이다. 메르카토르 지도는 지구를 원통에 담긴 구로 상상하고, 각 점을 원통에 투사해서 얻어진 것은 아니다. 우리는 메르카토르 지도에 너무 익숙해져 있기 때문에 이 지도가 지구를 왜곡하고 있는 부분에 대해 제대로 자각하지 못하는 수가 많다. 특히 적도에서 멀어질수록 면적이 비례에 맞지 않게 커진다는 맹점이 있다. 그래서 예컨대 그린란드가 아프리카 대륙과 거의 같은 크기로 나타나 있는 것이다. 실제 면적은 그렇지 않은데도 말이다.

## 그노몬 지도 GNOMONIC MAP

그렇다면 지구 위의 두 점을 잇는 가장 짧은 선이 대원을 지나는 지도가 있을까? 그노몬 지도가 그렇다. 하지만 이 지도는 실용적인 목적에는 별로 도움이 되지 않아 호기심 차원에서만 주로 이용되고 있다.

▼ 그노몬 지도는 두 지점을 잇는 가장 짧은 거리를 실제 그대로 반영한다.

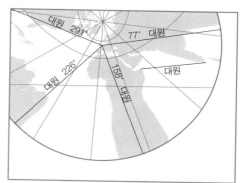

# 베른하르트 리만 BERNHARD RIEMANN

독일 수학자 리만은 특히 비유클리드 기하학과 소수 연구에서 탁월한 업적을 남겼다. 또한 이탈리아 수학자인 에우제니오 벨트라미, 그레고리오 리치 쿠르바스트로, 툴리오 레비 치비타 등과 교류하면서 미분기하학 발전에도 기여했다. 아인슈타인은 일반 상대성 이론을 발견할 때 이들의 이론으로부터 큰 도움을 받았다.

리만은 1826년 현재 독일에 속하는 하노버 왕국에서 태어났다. 루터교 목사인 아버지는 아들이 목사가 되기를 바랐으나 리만이 어릴 때부터 수학에 대단한 재능을 보이자 개인 교사를 고용해 따로 교육을 시켰다. 굉장히 수줍은 성격이었던 그는 학교에서는 별로 친구를 만들지 못했다. 고등학교 때 교장이 리만의 수학 재능을 알아보고 수학자 레젠드레가 쓴 정수론에 관한 책을 빌려주었다. 그러자 리만은 엿새 만에 859페이지에 달하는 방대한 책을 다 읽고 돌려주면서, 대단한 책이었으며 이제 자기는 책의 내용을 모두 외우고 있다고 말했다고 한다.

아버지는 리만이 괴팅겐대학에서 신학이 아닌 수학을 공부하도록 허락했다. 거기서 가우스의 강의를 듣기도 했던 그는 1년

후 베를린에서 페르디난트 아이젠슈타인 Ferdenand Eisenstein, 페터 디리클레Peter Dirichlet와 같은 뛰어난 수학자들과 함께 공부하면서 그들로부터 많은 영향을 받았다.

그는 2년 후 가우스 밑에서 박사 학위를 따기 위해 다시 괴팅겐으로 돌아갔다. 가우스는 그에게 기하학의 기초에 관해 연구해 보도록 권했다. 건강염려증 환자였고, 우울증 경향이 있었던 리만은 늘 까만 수염을 길러 자신의 얼굴을 가리려 했다. 그는 수학만큼 물리학에도 흥미를 갖고 연구를 계속했는데, 너무 연구에 몰두한 나머지 신경쇠약에 시달리기도 했다. 하지만 이토록 깊이 연구한 결과 그는 기하학을 이해하는 방식을 획기적으로 바꾸는 이론을 발견하게 된다. 리만 이론의 핵심은 공간의 곡률에 관한 것으로, 이것은 비유클리드 기하학을 더욱 확장시켰다. 리만의 아이디어는 반세기가 지난 뒤 아인슈타인의 혁명적인 발상으로 이어졌다.

1859년 수학 교수가 된 리만은 오늘날 '리만 가설'이라고 불리는 논문을 발표했다. 다시 한 번 그의 아이디어는 기존의 수학적 사고에 엄청난 영향을 미쳤다. 그는 안타깝게도 결핵에 걸려 39세에 세상을 떠났다. 그가 죽은 후 가정부가 집안을 청소하면서 리만이 남겨 놓은 논문들을 상당수 폐기하는 바람에 보석 같은 그의 아이디어를 만날 기회도 사라져 버렸다.

# 게오르그 픽 GEORG PICK

픽은 오스트리아의 수학자로서 '픽의 정리'로 유명해졌다. '픽의 정리'는 격자 다각형의 면적을 결정하는 데 사용되는 공식이다.

픽은 1859년 빈의 유대인 가정에서 태어났다. 그는 11세가 될 때까지 집에서 아버지에게 교육을 받은 후 학교를 갔다. 빈대학에서 수학과 물리학을 공부하고 17세 때 첫 수학 논문을 발표했다. 21세 때 박사 학위를 받은 그는 이듬해 프라하로 옮겼다. 이후 그는 독일 라이프치히대학에서 펠릭스 클라인에게 배운 1년을 제외하고는 줄곧 프라하에서 지냈다. 32세 때인 1892년 프라하에 있는 게르만대학에서 교수로 취임했다.

1910년에 게르만대학에서 아인슈타인에 대해 교수 임명 심사를 할 때 픽은 다른 교수들과 언쟁을 벌여 가면서까지 아인슈타인을 적극적으로 옹호해 교수로 받아들여야 한다고 강조했다. 그 결과 이듬해 아인슈타인은 수리물리학과에서 교수 자리를 얻어 두 사람은 좋은 친구가 되었고 음악에 대한 열정도 나누었다. 바이올린을 잘 켰던 픽은 다른 교수들과 함께 사중주단을 만들어 연주회를 열기도 했다.

1927년에 은퇴를 한 후 빈으로 돌아갔으나 1938년 독일이 오스트리아를 침입하자 다시 프라하로 돌아갔다. 하지만 나치는 프라하도 점령했고 당시 82세였던 픽은 유대인이라는 이유로 테레지엔슈타트에 있는 강제수용소에 보내졌다. 그는 그곳에서 2주 후 숨을 거두었다(1942).

픽은 선형대수학, 함수해석학, 불변성 이론, 퍼텐셜 이론 등의 다양한 수학 분야에서 모두 67편에 이르는 논문을 발표했다. 이 가운데 복소변수 함수, 미분방정식, 미분기하학에 관한 내용이 절반을 넘었다. '픽의 정리'는 유클리드 기하학과 디지털 이산기하학을 연결시켜 주는 역할을 한다. 그는 이 정리를 담은 논문을 1899년에 발표했지만 당시에는 별다른 주목을 받지 못했다. 그러다 1969년에 폴란드 수학자 휴고 슈타인하우스Hugo Steinhous가 자신의 책에서 이 이론을 '수학적인 작은 사건'이라고 부른 이후 폭넓은 관심을 받게 되었다.

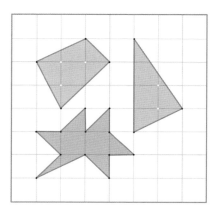

◀ 픽의 정리를 이용해 격자무늬 위에 그려진 다각형의 면적을 구하는 방법을 간단히 정리하면, (1) 다각형의 둘레 위에 있는 점을 세고 (2) 그 수를 2로 나눈 다음 (3) 그 값에서 1을 뺀 후 (4) 다각형 내부에 있는 점의 수를 더하면 된다.

# 25 픽의 정리

## 문제

파비오는 그의 형으로부터 땅을 물려받았다. 그는 그 땅이 그려진 지도와, 격자무늬가 인쇄된 트레이싱 페이퍼(투사지)를 가지고 있다. 파비오는 이 땅의 면적을 가능한 빨리 계산하고 싶은데, 어떻게 하면 좋을까?

## 방법

하나의 방법은 아래 그림과 같이 트레이싱 페이퍼를 지도 위에 놓고서 땅의 윤곽을 그린 후 정사각형으로 된 격자무늬의 개수를 세는 것이다. 정사각형에 걸친 부분들 가운데 정사각형의 절반보다 큰 것은 하나로 계산하고, 절반이 안 되는 것들은 계산에 넣지 않는다. 이 방법을 사용하면 파비오의 땅 면적은 23개의

정사각형과 같다고 추산할 수 있다.

하지만 파비오는 이보다 더 빠르고 정교한 방법을 사용할 수 있다. 이번에는 정사각형이 아니라, 격자무늬와 땅의 윤곽선이 만나는 교점에 집중을 한다. 아래 그림에 나타난 것처럼 교점들을 일직선으로 이어주면 땅의 모양의 근사치를 얻을 수 있다.

이제 파비오는 정사각형의 개수를

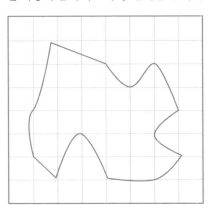

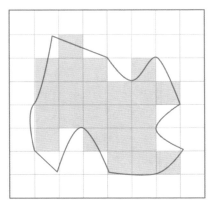

세는 대신 교점들의 개수를 세야 한다. 우선 다각형의 둘레(경계선) 위에 그려진 점(검정색 점)의 개수를 세고, 이어서 다각형 내부에 있는 점의 개수를 센다(다이어그램 안에 노랗게 표시된 점).

이 다각형의 면적은 다음의 공식으로 계산할 수 있다.

$$A = \tfrac{1}{2}B + I - 1$$

여기서 B는 다각형의 둘레에 찍힌 점이고 I는 다각형 내부에 있는 점이다. 따라서 파비오 땅의 경우에 B = 13, I = 18이기 때문에 면적은 $\tfrac{1}{2}13 + 18 - 1 = 23.5$가 된다. 앞에서 구한 방식보다 0.5가 더 늘어났다.

## 해답

면적을 계산할 때 사용할 수 있는 간단한 방법은 '격자 다각형'을 만드는 것이다. 격자 다각형이란 꼭짓점이 정사각형

의 격자무늬 위에 놓여 있는 것을 말한다. 이때 면적의 공식은 아래와 같다.

$$A = \tfrac{1}{2}B + I - 1$$

앞에서 보았듯이 B는 경계선 위에 있는 점의 개수고 I는 다각형의 내부에 있는 점의 개수다. 이것이 바로 게오르그 픽이 1899년에 증명한 '픽의 정리'다. 이 공식은 격자 다각형 안에 구멍만 없다면 모든 경우에 적용할 수 있다. 픽의 정리는 간단하게 (길이를 재는 대신에) 점의 개수만 세면 답을 구할 수 있기 때문에 전통적인 유클리드 기하학과 디지털 이산기하학을 연결하는 의미를 지닌다.

- 둘레에 있는 13개의 점(B)
- 내부에 있는 18개의 점(I)

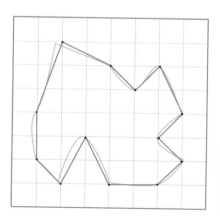

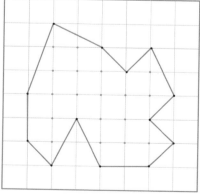

6

# 위상기하학과 프랙털

정사각형, 정육면체, 타원 등으로 이루어진 수학의 세계에서는
이런 도형들의 윤곽(테두리)이 매끄럽다고 전제한다.
하지만 우리가 실제로 살아가는 세계에 존재하는 대상들은
이런 기하학적 대상과는 달리 주름지고 울퉁불퉁한 외관을
하고 있다. 그래서 수학자들은 고전 기하학이 과연 실제 세계를
제대로 반영하고 있는지 의심을 품기 시작했다.
그 결과 울퉁불퉁하고 주름진 현실 세계의 대상들을 탐구하는
새로운 기하학이 탄생하게 되었다.

# 뫼비우스 띠 MÖBIUS BAND

어떤 수학자에게 "수학자들은 몇 가지 부류로 나눌 수 있습니까?"라고 물었다. 그러자 "세 가지요. 수를 셀 수 있는 사람과 셀 수 없는 사람이요"라고 답했다. 물론 농담이다. 그런데 이런 질문은 어떨까? "종이에는 면이 몇 개 있습니까?" 답은 당연히 "두 개"일 것이다. 그런데 어떤 수학자가 "하나요"라고 답한다면 이것도 유머로 치부해야 할까. '뫼비우스 띠'가 나오기 전까지는 농담이었을 것이다. 하지만 이제는 그렇지 않다.

'뫼비우스 띠'가 어떤 성질을 띠고 있는지를 알아보기 위해 여러분이 직접 종이를 하나 꺼내들고 엄지손톱 폭 정도 너비로 잘라내 아래 그림처럼 고리 모양으로 만들어 보기를 바란다. 물론 고리 양 끝에 풀을 묻혀 떨어지지 않도록 해야 한다. 그런 다음 펜을 가지고 이 종이 띠의 바깥 면 중앙을 따라 선을 그어 보자. (종이를 따라 펜을 움직이기보다는 펜을 한곳에 댄 상태에서 종이 띠를 돌리는 게 더 쉬울 것이다.) 당연히 선은 처음 출발한 위치로 돌아와 고리 모양을 이루게 된다. 또 종이 띠의 안쪽 면에는 아무런 표시도 없을 것이다. 여기까지는 이상할 게 전혀 없다.

그럼 이번에는 뫼비우스 띠를 만들어 보자. 앞에서처럼 종이를 잘라낸 뒤 이번에는 한쪽 끝을 절반 정도(180°) 비튼 다음 양끝을 풀로 붙이자(아래 오른쪽 그림 참조).

이 종이 띠를 따라 아까처럼 펜으로 선을 그어 보면 종이의 안쪽과 바깥쪽 면 모두에 선이 그어져 있는 것을 알게 된다. 이처럼 뫼비우스 띠는 면이 하나밖에 없는 것이다. 물론 처음에 띠를 만들 때 종이의 한쪽 끝을 비틀었기 때문에 이런 현상은 당연한 것처럼 보인다. 하지만 수학자 뫼비우스가 이런 아이디어를 처음으로 내놓기 전에는 누구도 두 개의 면을 가진 대상과, 면이 하나밖에 없는 대상과의 차이점에 주목하지 않았다. 놀랍게도 1800년대 중반에 이르기까지 한 면만 가진 물체의 성질에 관해 연구한 기록은 전무하다. 그렇지만 이제 그런 연구는 위상기하학에서 가장 중요한 분야로 자리 잡았다.

## 클라인 병 KLEIN BOTTLE

한 면만 가진 뫼비우스 띠는 실제로 현실 세계에 존재할 수 있다. 1882년 독일 수학자 펠릭스 클라인 Felix Klein은 뫼비우스

띠의 아이디어를 더 확장시켜 보았다. 그는 병의 목이 병 안에 들어가 있는 모양을 상상했다. 엄밀히 말하자면 클라인이 상상한 이런 병은 4차원에서만 존재할 수 있다. 뫼비우스 띠에서 한쪽 면과 다른쪽 면을 구분할 수 없는 것처럼 '클라인 병'에서는 내부와 외부의 구별이 없다. 콜라 병 바깥에 페인트칠을 하면서 안쪽에까지 색을 칠할 수는 없다. 그러나 클라인 병에 페인트칠을 하게 되면 전체 표면에 다 색을 칠하게 된다.

## 뫼비우스와 놀기

뫼비우스 띠는 또 다른 기이한 성질을 가지고 있다(이것은 한때 마술사들이 자주 써먹은 속임수였다). 먼저 뫼비우스 띠를 앞에서 펜으로 그린 선을 따라 잘라 보자. 보통 띠라면 두 개의 고리로 분리될 것이다. 그러나 뫼비우스 띠는 그렇지 않다는 걸 여러분이 직접 해 보면 알게 될 것이다.

이번에는 뫼비우스 띠를 자르되 띠의 중앙을 따라 자르지 말고 폭의 2/3 정도 되는 지점을 따라 잘라내 보자. 보통 띠는 폭이 넓은 고리와 좁은 고리 둘로 나눠지지만 뫼비우스 띠로 해 보면 놀라운 결과를 얻게 될 것이다.

마지막으로 뫼비우스 띠를 만들 때 종이의 한쪽 끝을 180°가 아니라 360°로 한 바퀴 돌린 다음 양끝에 풀을 붙여서 만들어 보자. 이렇게 만든 띠로 실험을 해 보면 또 다른 흥미로운 결과를 보게 될 것이다.

## 아우구스투스 뫼비우스
AUGUSTUS MÖBIUS

뫼비우스는 독일의 수학자이자 물리학자다. 그는 75세에 발표한 논문에서 뫼비우스 띠를 처음 제안함으로써 널리 이름을 알리게 되었다. 1790년에 작소니에서 태어난 그는 어머니 혈통 쪽으로 종교 개혁가 마틴 루터의 후손이었다. 세 살 때 어머니를 여의고 집에서만 교육을 받다 13세가 되던 해 대학에 진학했다. 일찍이 수학에 뛰어난 재능을 보인 그는 라이프치히대학에서 수학, 물리학, 천문학을 공부했으며 1813년에는 가우스에게서 천문학을 배우기 위해 괴팅겐으로 옮겼다.

1816년 26세의 젊은 나이에 라이프치히대학에 교수로 취임했으나 강의에는 서툴러 학생들에게 인기가 없었고 승진도 수월하지가 못했다. 그러나 연구 실적이 워낙 뛰어나 결국 1844년 종신 교수직을 얻게 된다. 1848년에는 라이프치히 천문대 소장으로도 임명되었다. 그는 결혼해 세 자녀를 두었고 1868년 78세에 세상을 떠났다.

## 문제

나나는 할머니로부터 물려받은 그리스식 반지를 갖고 있다. 이 반지는 금으로 된 고리 세 개가 연결된 모양을 하고 있다. 반지를 살펴보던 나나는 세 고리 중 하나를 잘라내도 나머지 둘은 여전히 서로 연결돼 있는 구조라는 것을 알게 되었다. 나나는 만약 고리 하나를 떼낼 때 나머지 두 개의 고리도 분리되도록 고리를 연결하는 방법은 없을까 생각해 보았다. 그리고 세 개의 고리를 연결하는 방법에는 모두 몇 가지가 있을까?

## 방법

나나의 반지가 연결된 방식은 아래 그림과 같이 나타낼 수 있다. 물론 어느 고리가 다른 고리 위에 있는지 아래에 있는지를 이 그림만으로는 알기가 어렵다.

그림에서 원(고리)들이 서로 교차하는 점은 6개다. 이 6개의 교차점에서 각각의 원은 다른 원 아래나 혹은 위를 지나게 된다. 따라서 6개의 점에서 고리들이 교차할 수 있는 경우의 수는 $2^6 = 64$ 가지다.

그러나 이 64가지 패턴이 모두 다 다른 것은 아니다. 세 개의 고리는 서로 구별되지 않기 때문에 위치가 바뀌어도 같은 패턴을 이루고 있다면 같은 연결로 간주되어야 한다. 그렇게 고리의 위치를 바꿀 수 있는 변환에는 세 가지 방법이 있다. 즉 각각의 고리를 120° 회전 이동하는 방법, 대칭 이동하는 방법, 고리 전체를 뒤집는 방법이다. 이렇게 같은 패턴들을 제외하고 나면 64가지 경우의 수 가운데 서로 다른 패턴을 갖는 경우는 10가지로 축소된다.

또한 이 10가지 경우 가운데 세 고리

가 서로 연결되지 않는 경우도 포함돼 있다. 예컨대 세 고리가 서로 겹쳐 있어서 아래 그림과 같이 완전히 분리되는 경우다.

남은 세 가지는 아래 A, B, C처럼 서로 연결되어 있는 것이다.

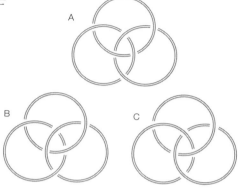

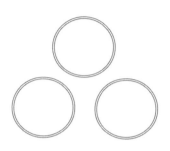

또 두 개의 고리만 연결되고 나머지 하나는 분리되는 경우가 세 가지 있다. 아래 그림은 그중의 한 경우를 나타낸다.

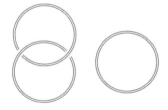

아래 그림과 같이 일렬로 연결된 경우도 세 가지 존재한다.

위의 A, B, C 가운데 한 경우에서만 하나의 고리를 떼내면 나머지 두 고리도 연결이 풀어진다.

### 해답

세 고리가 서로 연결돼 있으면서도 그중 하나를 떼내면 나머지 둘도 분리되는 방식으로 고리를 연결하는 것은 가능하다. 이런 연결 고리로 된 반지를 '보로미언 반지Borromean Ring'라고 부른다. 이탈리아 르네상스 시기에 보로메오Borromeo 가문이 이 고리를 가문을 나타내는 문양으로 채택한 데서 이런 이름이 붙었다.

# 위상기하학TOPOLOGY

보통 사람들은 찻잔과 링 모양의 도넛을 전혀 다르게 인식한다. 분필과 치즈 조각이 다른 것처럼. 그러나 위상기하학에 관심을 가진 수학자라면 찻잔과 도넛은 수학적으로 동일하며, 분필과 치즈 조각도 등가물로서 인식할 것이다.

## 고무판RUBBER SHEET 기하학

위상기하학은 '고무판 기하학'으로도 불리는데, 그 까닭은 물체의 표면 성질을 연구하는 분야이기 때문이다. 위상기하학은 특히 하나의 형태가 다른 형태로 바뀔 때에도 변하지 않고 그대로 남아 있는 성질(불변성)을 탐구한다. 위상기하학자들은 어떤 형태를 자유자재로 늘이거나 줄이는 것을 즐기기 때문에 형태의 크기나 각도가 어떻게 변하는지는 상관하지 않는다.

예컨대 고무풍선이 있다고 해 보자. 이것은 축구공 모양으로 바꿀 수도 있고 주먹으로 힘을 가해서 오목한 그릇 모양으로 변화시킬 수도 있다. 그래서 위상기하학적으로 볼 때 축구공과 오목한 그릇은 서로 같다. 또 다섯 개의 플라톤 정다면체(→ pp.76~77)도 하나의 공과 위상기하학적으로 등가물이라고 할 수 있다. 왜냐하면 예컨대 정육면체를 늘이면 공으로 바꿀 수 있기 때문이다. 이처럼 위상기하학자들은 오직 물체의 '표면'이 어떻게 바뀌는지에만 관심을 갖는다.

그러나 고무풍선을 아무리 변화시키더라도 도넛과 같은 형태로 바꿀 수는 없다. 고무풍선의 표면에 구멍을 내지 않는 한 말이다. 그래서 도넛은 공과는 위상기하학적으로 같지 않다. 링 도넛은 가운데 구멍이 있기 때문이다. 그러나 찻잔은 손잡이에 구멍이 있기 때문에 도넛과 위상기하학적으로 동일하다. (이론적으로 볼 때) 도넛은 찻잔으로 변화시킬 수가 있는 것이다.

## 원환체TORUS

링 도넛과 같은 모양을 수학에서는 원환체라고 부른다. 하나의 표면이 '연속적'으로 다른 표면으로 변화할 수 있으면 이 두 표면은 같은 형태로 간주된다. 여기서 중요한 것은 '연속적'이라는 것이

위상기하학과 프랙털

다. 예컨대 도넛 같은 원환체는 찻잔과 같은 모양으로 '연속적'인 변환 과정을 통해 바뀔 수 있다. 하지만 공은 원환체로 연속적으로 변화시켜도 찻잔 모양으로 바꿀 수가 없다. 왜냐하면 찻잔 손잡이에 있는 구멍을 만들려면 공 표면에 펑크를 내야 하기 때문이다.

구는 구멍이 없고 원환체는 구멍이 하나다. 또 구멍을 둘이나 셋, 혹은 그 이상 가지는 원환체도 있을 수 있다. 어떤 물체가 표면이 무한하게 펼쳐져 있지 않고(유한할 때) 두 개의 면을 가질 때(즉 뫼비우스 띠가 아닐 때)이 물체는 위상기하학적으로 구와 같거나, 혹은 유한한 수의 구멍을 가진 원환체와 등가다.

이것을 보다 쉽게 이해하기 위해 구(공) 표면에 고리(폐곡선)가 하나 있다고 해 보자. 그러면 이 고리는 아래 그림에서처럼 하나의 점이 될 때까지 '연속적'으로 줄어나갈 수가 있다.

반면 위의 그림처럼 원환체를 감고 있는 고리는 하나의 점으로 축소시킬 수가 없다. 폐곡선을 하나의 점으로 축소할 수 있는 경우는 구 표면밖에 없다.

## 푸앵카레 추측

1904년 프랑스 수학자 앙리 푸앵카레(→ p.158)는 하나의 '추측'을 내놓았다. 즉 3차원 공간에서 모든 폐곡선이 수축을 통해 하나의 점이 될 수 있다면 이 공간은 반드시 원구(3 - sphere)로 바뀔 수 있다는 것이다. (원구란 4차원 공간에 존재하는 것으로 전체 표면을 하나의 점으로 생각할 수 있다.) 이 추측을 증명하는 것은 까다로워서 오랫동안 증명되지 못했으며 마침내 100만 달러의 상금까지 걸리게 되었다(클레이 밀레니엄 상). 그러다 2003년 러시아 수학자 그리고리 페렐만(→ p.160)이 인터넷에 증명법을 공개함으로써 난제가 해결되었다. 하지만 그는 100만 달러의 상금을 거절했다.

▼ 구 위에 있는 고리는 하나의 점으로 축소될 수 있다.

# 앙리 푸앵카레 HENRI POINCARÉ

푸앵카레는 역사상 가장 뛰어난 천재들 중 한 명이라고 할 수 있다. 그는 순수 수학, 응용 수학, 천체 역학, 유체 역학, 과학, 전기, 결정학, 열역학, 양자 역학, 퍼텐셜이론, 상대성 이론, 천체 물리학 등 수학과 과학의 거의 모든 영역에 걸쳐 큰 업적을 남긴 인물이다. 특히 수학에서는 푸앵카레 추측 등을 내놓으면서 위상기하학 발전에 기여했다.

## '수학 괴물'

푸앵카레는 1854년 프랑스 낭시에서 사회적으로 영향력이 있고 교육받은 집안에서 태어났다. 아버지는 낭시대학 의대 교수였으며 푸앵카레의 사촌 중에는 프랑스 대통령이 된 인물도 있었다. 어릴

때 디프테리아를 앓았던 푸앵카레는 학교에 들어가기 전까지 어머니 밑에서 공부했다. 거의 모든 과목에서 뛰어났던 그는 학우들 사이에서 '수학 괴물'이라는 별명으로 불리기도 했다. 낭시에서 파리로 옮긴 그는 대학에서 물리와 수학, 광산공학을 전공했다. 박사 학위를 딴 뒤인 1886년 소르본대학에서 수리물리학과 교수에 임명되었고 이듬해에는 프랑스 과학아카데미 회원으로 선출되었다. 그는 1912년 58세로 세상을 떠날 때까지 소르본대학에서 줄곧 교수로 재직했다. 그는 결혼해 슬하에 네 명의 자녀를 두었다.

## 천재의 정신 구조

푸앵카레는 자신의 사고 과정에 관해 글을 남겼으며, 동료인 심리학자 에두아르 툴루즈Eduard Toulouse에게도 상세하게 설명한 적이 있다. 툴루즈는 이 대화를 책으로 묶어 펴냈다(1910년《앙리 푸앵카레》).

그는 놀라울 만큼 비상한 기억력을 자랑했는데 한번 읽은 책은 페이지와 행수를 정확히 떠올릴 정도였고, 한번 들은 이야기도 거의 그대로 되살려 내는 수준이었다. 그는 또 시간을 규칙적으로 이용하기로 유명해, 수학 연구는 매일 오전 10시부터 정오까지, 저녁 5시부터

## 상대성 이론의 선구자

푸앵카레는 이른바 '3체 문제'에 관해 연구했는데, 이것은 태양계를 돌고 있는 3개의 천체들 사이에 작용하는 만유인력을 계산하는 것과 관련된 문제였다. 그는 이 문제를 탐구하는 과정에서 카오스 이론의 단초를 발견하게 된다. 1887년 스웨덴의 오스카르 2세 국왕은 3체 문제를 푼 공로로 인정해 푸앵카레에게 상을 수여했다.

그는 프랑스가 국가 사업 중 하나로 진행했던 시간과 길이를 10진법으로 통일하는 프로젝트에도 관여했으나 다른 나라들이 동참하지 않는 바람에 무산되었다. 그러나 세계표준시를 설정하는 문제는 푸앵카레의 의도대로 관철되었다.

아인슈타인은 1905년 특수 상대성 이론을 발표했지만, 푸앵카레는 이보다 석 달 앞서 같은 주제로 이미 논문을 쓴 바 있다. 그런 까닭에 아인슈타인은 훗날 푸앵카레야말로 상대성 이론의 선구자라고 술회하기도 했다.

푸앵카레는 일반인을 위한 수학 및 과학서를 출판하는 데도 노력을 쏟아 과학의 대중화를 이끌었다.

7시까지 하루 네 시간만 했다. 연구할 때는 강한 집중력으로 문제를 일단 분석한 다음에는, 생각을 멈추고 정신을 이완시켜 '마치 벌이 꽃들을 옮겨 다니듯이' 자신의 무의식이 다음 작업을 이끌어 가도록 했다.

그는 자신의 머릿속에서 문제의 해답을 완전히 얻은 다음에야 종이에 글로 옮기는 방식을 취했다. 저녁 시간에는 새로운 문제를 가지고 씨름하지 않았는데, 그렇게 되면 잠을 들 수 없게 되기 때문이었다. 대신 신문 기사 같은 가벼운 읽을거리를 즐겼다. 그림에는 전혀 소질이 없었던 그는 "수학자들이 연구를 하면서 느끼는 희열은 화가들이 작품을 그리면서 느끼는 감동과 같다"고 말하기도 했다. 그는 수학을 이해하기 위해서는 논리가 가장 중요하지만, 새로운 아이디어를 창조하기 위해서는 직관이 필요하다고 했다. 그는 동시대인들로부터 '무한의 시인이자, 과학의 계관 시인'이라는 칭송을 받았다.

"어려운 수학 문제를 풀고, 증명법을 발견했을 때 느껴지는 우아함과 고상함의 감정은 어디서 오는 것일까? 그것은 다양한 부분들의 조화, 그들 사이에 존재하는 대칭성, 행복한 균형감으로부터 주어지는 것이다. 한마디로 그것은 모든 것을 통일시키는 질서다. 그 순간 우리는 구체적인 것과 전체적인 것이 동시에 명징하게 이해되는 경험을 하게 된다." — 앙리 푸앵카레

## 문제

해리는 마술사가 벨트로 묘기를 부리는 것을 보고 있었다. 마술사는 아래 그림과 같이 벨트를 나선형으로 감은 다음 해리에게 x와 y 중 한 곳에 손가락을 넣어 보도록 했다. 해리가 손가락을 넣자 마술사는 벨트의 한쪽 끝을 잡고 당겼다. 그러자 해리의 손가락에 벨트가 감겼다. 마술사는 몇 번 더 해리에게 손가락을 넣어 보도록 요구했고 그때마다 해리는 위치를 바꿔가며 x와 y 중 한 곳에 손가락을 넣었다. 그런데 어떤 때는 벨트가 손가락에 감겼고 어떤 때는 벨트가 그냥 풀려져 나왔다.

이어 마술사는 해리의 손가락이 벨트에 감길지 아닐지를 미리 알아맞춰 보겠다고 했다. 해리가 손가락을 넣기 전에 이미 결과가 어떻게 될지를 알아맞출 수 있다는 것이었다. 그런데 실제로 마술사는 결과를 정확히 예측했다. 과연 마술사는 해리에게 어떤 속임수를 구사한 것일까?

## 해답

마술사가 쓴 트릭은 위상기하학의 기초 몇 가지를 활용한 것에 불과하다. 여러분도 긴 줄이나 벨트를 가지고 실제로 해 보면 마술사처럼 속임수를 부릴 수가 있다. 벨트를 절반 정도 접은 다음 안쪽 방향으로 나선형으로 감는다. 그러면 가운데 부분에 두 개의 둥그런 공간이 생기게 된다(아래 그림의 x, y처럼). 하나는 벨트를 절반으로 접을 때 생긴 것이고, 다른 하나는 벨트를 안쪽 방향으로 감을 때 생긴 것이다. 문제는 이 두 공간이 구별이 안 될 정도로 같아 보인다는 점이다. 그래서 둘 가운데 어느 한쪽으로 손가락을 넣었을 때 벨트가 손가락을 감을지 아닐지를 아는 것이 중요하다.

마술사 입장에서는 그 사실만 알고 있으면 해리가 어느 쪽으로 손가락을 넣든 손가락이 벨트에 감길지 풀릴지를 자신있게 예견할 수 있게 된다.

마술사가 먼저 X의 한쪽 끝을 잡고 시계 방향으로 풀면서 관객이 눈치 못하게 순간적으로 Y의 끝도 잡으면서 함께 벨트를 푼다고 해 보자. 그러면 벨트는 손가락을 감게 된다. (처음에 벨트를 절반으로 접을 때 생긴 고리를 더 조이게 되기 때문이다.)

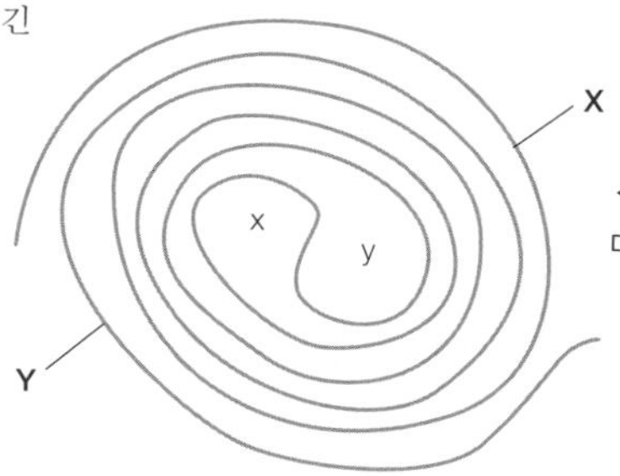

반대로 Y의 한쪽 끝을 잡고 역시 시계 방향으로 풀면서 X의 한쪽 끝을 순간적으로 잡아 함께 벨트를 풀게 되면, 벨트를 처음에 안쪽 방향으로 감을 때 생긴 고리를 더 조이게 되므로 이 역시 손가락을 감게 된다.

한편 벨트가 손가락을 감지 않도록 하려면 양쪽 끝을 함께 잡아 벨트를 당기는 대신 한쪽 끝만 잡고서 그냥 풀어내면 된다.

## 해답

해리가 속임수를 당한 이 마술은 셰익스피어의 작품 《안토니와 클레오파트라》에 등장하는 '풀고 조이는 마술'이라는 이름으로 알려져 있다. 하지만 이 트릭은 셰익스피어 시대 이전부터 있어 왔던 것으로 '술통 위의 사기'로 불리기도 했다. 선원들의 호주머니를 노린 사기꾼들이 배 갑판에 놓인 술통 위에서 이런 마술을 부렸기 때문에 그런 이름이 붙었다는 것이다.

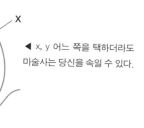

◀ x, y 어느 쪽을 택하더라도 마술사는 당신을 속일 수 있다.

# 그리고리 페렐만 GRIGORI PERELMAN

1966년 구 소련에서 태어난 페렐만은 '푸앵카레 추측'을 증명해 세계적으로 유명한 수학자가 되었다. '푸앵카레 추측'은 수학에서 가장 중요하면서도 난제 중 하나로 꼽혀 왔다.

페렐만은 1966년 레닌그라드의 유대인 가정에서 태어났다. 아버지는 전기공학자였는데, 페렐만에게 어릴 때부터 어려운 문제를 내줘 두뇌 훈련을 하도록 교육시켰고 체스도 열심히 가르쳤다. 어머니는 수학교사였고, 페렐만의 여동생도 나중에 수학자가 되었다. 페렐만은 14세 때부터 레닌그라드수학클럽에서 단연 두각을 나타냈으며 영재 교육 기관인 레닌그라드수학센터에 다녔다. 1982년에는 국제수학올림피아드에서 만점을 받아 금상을 수상했다. 레닌그라드국립대학에 진학한 그는 유클리드 기하학에 관한 연구로 박사 학위를 받았다. 이후 레닌그라드에 있는 스테클로프수학연구소에서 연구원으로 일했다.

구 소련이 붕괴하자 미국에 초청을 받은 그는 1992년에 뉴욕주립대학에서 1년간 연구원 생활을 했다. 이때 미국의 자유스러운 분위기에 취한 그는 손톱을 기르고 머리를 길게 늘어뜨리는 등 조국에서 하지 못한 괴팍한 행동들을 마음껏 누렸다. 당시 그를 알았던 동료들은 페렐만이 "마치 라스푸틴처럼 보였다"고 말했다. 버클리 소재 캘리포니아대학으로 옮긴 뒤에는 푸앵카레 추측을 증명하는 문제에 몰두하기 시작했다. 이후 여러 미국 대학에서 자리를 주겠다고 제안했음에도 불구하고 모두 뿌리치고 고국으로 되돌아가 스테클로프연구소에서 연구원으로 일했다. 미국에서 돌아온 그는 어머니와 함께 생활하는 한편 점점 사람들을 기피하면서 은둔자처럼 살아갔다. 2006년 이후에는 수학 연구를 중단한 것으로 추측된다.

## 푸앵카레 추측을 풀다

페렐만은 2002년부터 인터넷 웹사이트(arXiv.org)에 논문을 발표하기 시작했다. 이곳은 수학 저널에 싣기 전에 자신의 논문을 다른 사람들에게 검증받으려는 이들이 자주 이용하는 사이트다. 페렐만은 이 사이트에 다른 논문들과 함께 푸앵카레 추측에 관한 증명법을 올리기 시작했다. 하지만 그는 자신의 논문을 수학 저널에 투고하지는 않았다. 그는 수학의 난제를 해결했을 때 주어지는 어떤 명예나 보상에도 관심이 없는 듯이 보였다. 2006년 국제수학연맹은 페렐만에게 필즈 메달을 수여하기로 결정했으나 그는 수상을 거부했고 시상식에도 참석하지 않았다. 그는 "나는 그런 것과는 무관합니다. 증명이 옳다면 다른 어떤 인정도 필요하지 않다는 것은 모든 사람이 알고 있는 사실입니다"라고 말했다.

▲ 페렐만이 스테클로프수학연구소에서 퇴직하기 직전에 찍은 사진.

# 뤼이젠 브로우베르 LUITZEN BROUWER

브로우베르(1881~1966)는 네덜란드의 수학자이자 철학자로 위상기하학, 집합 이론, 복소 분석 등에서 뛰어난 논문을 발표했다. 그는 초기에는 특히 유클리드 공간의 위상기하학에서 많은 업적을 남겼다.

"수학은 우리 사고의 일부분, 그 이상도 이하도 아니다." ─ 뤼이젠 브로우베르

신동이었던 브로우베르는 14세에 모든 정규 교육 과정을 마쳤고, 대학에서는 강의를 듣기보다는 혼자서 공부를 하는 데 더 많은 시간을 보냈다. 그가 쓴 학위 논문은 수학의 본질에 관한 것으로 푸앵카레와 러셀에게도 영향을 미쳤다. 그는 '직관주의intuitionism'라는 용어를 창안했다. 이것은 수학의 기초는 수학자 개인의 직관에 놓여 있다는 입장으로서, 수학이란 본질적으로 개인의 주관적인 활동이라는 것이었다. 수학을 논리적으로 접근하는 고전적인 방법에서는 하나의 진술은 참이거나 거짓의 둘 중 하나가 된다. 직관주의도 참과 거짓을 구별하기는 하지만 어떤 진술은 증명할 수 없다는 사실을 받아들인다. 즉 수학이란 논리적으로 완전한 체계가 아니라고 보는 것이다. 수학은 언젠가는 발견되고 증명되는 완벽한 논리 체계가 아니라 개인의 정신이 구성한 체계에 불과하다는 것이 브로우베르의 태도였다. 이런 생각은 뜨거운 논란을 빚었고 그의 박사 학위 지도 교수였던 디데릭 코르테베그Diederik Korteweg조차도 반대 입장을 취했다.

브로우베르는 암스테르담대학에서 교수로 재직했는데, 대학 측은 그에게 예외적으로 많은 권한을 부여했다. 그는 일주일에 한 번만 출근했고, 학생들이 일체 질문을 하지 못하도록 했으며, 전공인 위상기하학은 강의하지 않고 직관주의에 대해서만 강의를 했다.

## 털로 덮인 공의 정리
### THE HAIRY BALL THEOREM

당신에게 온통 털로 뒤덮인 공이 하나 있다고 하자. 이 경우 당신은 아무리 노력을 해도 결코 공의 털을 완전히 평평하게 깎을 수 없다. 반드시 몇 가닥의 털은 위로 솟구쳐 나와 있을 것이기 때문이다. 브로우베르는 이 '털로 덮인 공의 정리'를 1912년에 증명했다. 이것의 수학적 의미는 '3차원 공간에서 구의 표면에 수평한 벡터 장field에는 그 장field을 0으로 만드는 점이 최소한 하나 이상은 존재한다'는 것이다.

그런데 공과는 달리 도넛과 같은 원환체에서는 털을 모두 수평이 되도록 깎을 수 있다. '털로 덮인 공의 정리'는 지구 주변을 도는 바람의 패턴을 인식하는 데도 응용되고 있다. 지구상의 어떤 곳에서 내내 바람이 일고 있다면, 다른 어떤 곳에 반드시 태풍이 존재한다. (왜냐하면 태풍의 눈에서는 바람이 없기 때문이다.) 이 정리는 또한 컴퓨터 그래픽에도 도움이 되고 있다.

# 프랙털FRACTALS

수학자들은 '증명'의 우아함과 명료함, 겉으로는 무관해 보이던 분야들이 서로 연결돼 새로운 통찰력을 제공해 줄 때 수학의 아름다움을 가장 많이 느끼게 된다. 최근에 수학의 아름다움을 다시 확인시켜 준 것은 컴퓨터가 만들어 내는 프랙털이었다.

## 코크의 눈송이

아래 그림에서 보듯이 정삼각형의 각 변을 삼등분한 다음 가운데 부분에서 더 작은 정삼각형을 만들어 보자. 그러면 12개의 변을 가진 별 모양의 도형이 생긴다. 이 도형에 대해 다시 12개의 각 변 중앙에서 정삼각형을 만들고, 이런 과정을 계속 반복하게 되면 눈송이 모양의 도형을 얻게 된다.

이것은 1904년 스웨덴 수학자 헬리에 폰 코크Helge von Koch가 발표한 논문에서 처음 제기된 것으로 '코크의 눈송이'라고 불린다. 이 눈송이의 면적을 구하

는 것은 쉽지가 않을 것이다. 가장 높게 볼록 튀어나온 부분보다 더 큰 원을 그리게 되면 근사치는 얻을 수 있다. 문제는 둘레다. 코크 눈송이의 둘레는 무한히 길어서 결코 측정할 수가 없다. 왜냐하면 위에서 언급한 과정을 반복하게 되면 주름이 지듯이 둘레도 계속 늘어나기 때문이다.

## 주름진 해안선

코크의 눈송이는 한동안 수학적으로 기이한 현상이라고만 치부될 뿐 본격적으로 연구되지는 않았다. 그러다 브누아 망델브로가 그다지 유명하지 않은 수학자인 루이스 리처드슨Lewis Richardson이 쓴 논문에 주목하면서 더불어 각광을 받기 시작했다. 리처드슨은 1961년 〈영국에 있는 해안선의 길이는 얼마나 될까?〉라는 제목의 논문을 발표했다. 이 논문에서 그는 해안선의 길이를 재는 데 코크의 눈송이 둘레를 재는 방식을 적용했다 (→ p.165). 해안선을 세세하게 확대해 갈수록 해안선의 길이는 더 정확하게 측정된다고 할 수 있다. 또 그만큼 해안선의 길이도 늘어난다. 예컨대 위성에서 찍은 사진에 근거해서 측정한 해안선 길이는 해안도로를 따라 차로 달리면서 측정한 길이와는 다르다. 당연히 후자가 더 정

확하고 길이도 길다. 하지만 해안선을 일일이 걸어서 측정한다면 차로 달려서 잰 것보다 더 정확하고 길이도 늘어날 것이다. 만약 개미가 해안선을 따라 측정할 수 있다면 어떻게 될까? 훨씬 더 작은 단위로 길이를 재고 당연히 해안선 길이도 길어질 것이다. 물론 현실적으로 해안선 길이를 이처럼 무한히 측정해 나갈 수는 없다. 어느 선에서 멈춰야 한다. 하지만 어쨌든 코크의 눈송이 둘레를 재는 것과 해안선 길이를 측정하는 것 사이에는 논리적인 유사성이 존재한다.

## 매끄러움이 없는 도형

코크의 눈송이를 만들 때 적용된 원리는 단순하다. 즉 무한한 반복과 재귀다. 그래서 코크의 눈송이 둘레는 결코 매끄러워지는 법이 없다. 망델브로는 바로 이 점에 주목했다. 양치식물의 잎이든, 혈관이든 실제 세계의 사물들은 표면과 둘레가 결코 매끄럽지 않다. 이런 사물들을 세밀하게 계속 확대해 나가면 둘레의 길이는 무한해지고 세부적인 모양도 무한히 다르게 나타날 것이다. 망델브로는 무엇보다 유클리드 기하학을 받치고 있는 '매끄러움'이 사라진다는 점이 가장 중요하다고 보았다. 망델브로는 세부로 확대해 갈수록 무한히 새롭게 얻어지는 이런 도형들을 가리켜 '프랙털'이라고 불렀다.

## 무한 반복

망델브로 집합(흔히 M - set으로 표기한다)은 프랙털 가운데 가장 유명한 것이다.

코크 눈송이와 마찬가지로 M - set은 '무한한 반복'이라는 규칙에 따라 얻어진다. 망델브로는 $X_{n+1} = X_n^2 + C$라는 간단한 방정식의 해를 구해 보았다. 이 식이 의미하는 것은 상수 C와 변수 X의 값이 주어지면, 그다음 값은 X를 제곱한 값에 C를 더한 것과 같다는 것이다. 이렇게 얻어진 값을 다시 방정식에 대입해서 새로운 값을 얻을 수 있다. 이런 과정은 무한히 반복될 수 있다. 예컨대 $X_0 = 0$, $C = 1$이라고 하면 차례대로 1, 2, 5, 26, 677, 458330… 식으로 답이 나온다. 즉 값들이 점점 커지면서 무한히 발산하게 된다.

그런데 망델브로는 이 식에서 X와 C의 값으로 복소수를 대입하고 최초의 X 값인 $X_0$를 0으로 정하면 C의 값을 변화시킴에 따라 두 가지의 서로 다른 결과가 얻어지는 것을 발견했다. 즉 어떤 C의 값들은 위에서처럼 무한히 발산하는 결과를 나타내지만, 또 다른 C값들은 무한히 발산하지 않는다는 것이었다. 이 무한으로 발산하지 않는 C값들의 집합이 바로 '망델브로 집합'이다.

## 카오스는 아니다

프랙털을 흔히 '카오스의 수학'이라고 부른다. 하지만 프랙털은 아주 단순한 규칙에 기초해 있으며 예측하기가 힘들기는 하지만 혼란스러운 것은 아니다. 따라서 '카오스'라는 이름이 주는 이미지와는 거리가 멀다고 할 수 있다.

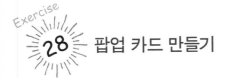
# 팝업 카드 만들기

## 문제

조지아는 팝업으로 된 입체식 크리스마스 카드를 손수 만들어 보려고 한다. 수학에 흥미가 깊은 그녀는 이 팝업 카드에 수학적인 의미도 담고 싶다. 어떻게 하면 멋진 팝업 카드를 만들 수 있을까?

## 방법

프랙털로 된 팝업 카드를 만드는 간단한 방법이 있다. 자연에 존재하는 프랙털이 무한 반복이라는 단순한 규칙에 따라 복잡하면서도 아름다운 패턴을 만들어 내듯이 프랙털 팝업 카드도 간단한 방법으로 멋지게 만들어 낼 수 있다.

먼저 마분지를 준비하고 절반으로 접는다.

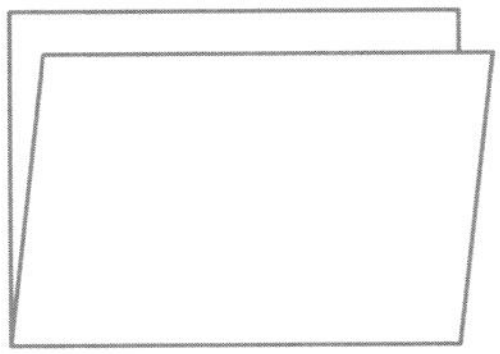

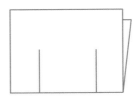

위의 그림처럼 양끝에서 1/4되는 지점에서 위쪽으로 절반 가량 가위로 자른다. 길이가 정확할 필요는 없으므로 눈대중으로 맞추면 된다.

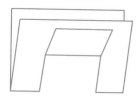

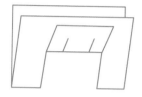

가위로 자른 부분을 위로 접은 다음, 그 접힌 부분에서 다시 앞에서처럼 가위질을 하고 위로 접는다.

이런 과정은 가능한 많이 반복할수록 좋다. 최소한 네 번이나 다섯 번을 할 수 있도록 마분지를 준비하자.

다 접었으면 이제는 반대로 접힌 부분들을 모두 다시 편 다음 마분지 안쪽으로 밀어 넣는다. 그러면 갈수록 점점 작아지는 계단이 연속해서 늘어서 있는 형태가 된다.

이것을 같은 크기의 카드나 종이에 풀로 붙여서 접으면 크리스마스 카드가 만들어진다. 카드를 직각으로 열면 위아래가 열린 정육면체 모양들이 크기가 작아지면서 반복하고 있는 모양이 나타난다.

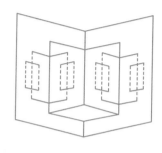

## 해답

자르고 접는 단순한 규칙을 반복하는 데 불과하지만 그 결과는 크기가 비례적으로 점점 작아지는 프랙털을 얻을 수 있다. 이 카드는 '자기유사성'이라는 프랙털의 주요한 특성을 가지고 있다. 즉 카드의 일부분이 전체 모습을 반영하고 있는 것이다.

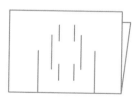

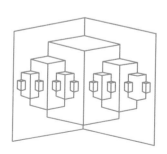

## 문제

마이클은 주사위를 이용해 하나의 패턴을 만드는 게임을 하고 있다. 먼저 세 점을 정삼각형을 이루도록 찍은 다음 네 번째 점은 그 삼각형 안의 임의의 위치에 찍는 방식이다. 이런 식으로 일정한 규칙을 정하고 임의로 점을 찍어나가면 어떤 패턴이 만들어질까?

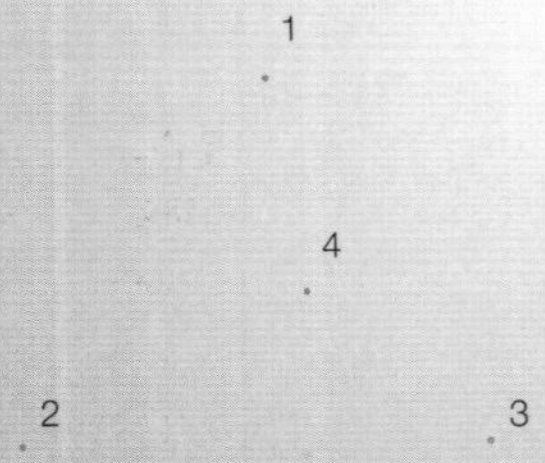

1

4

2          3

## 방법

이 게임에서 적용된 규칙은 간단하다. 먼저 정삼각형이 되도록 임의의 위치에 점을 찍은 후 그 삼각형 안의 아무 위치에 네 번째 점을 찍는다. 이제 이 네 번째 점을 출발점으로 삼아 다음과 같은 규칙에 따라 점을 찍어 나간다.

먼저 주사위를 던졌을 때 나오는 수가 1이나 2이면, 다섯 번째 점 5는 네 번째 점 4와 점 1 사이의 중간 지점에 찍는다.

그러나 3이나 4가 나오면 다섯 번째 점은 점 4와 점 2 사이의 중간 지점에 찍는다. 또 5, 6이 나오면 점 4와 점 3 사이의 중간에 찍기로 한다.

1

5

4

2          3

               1
        4
            5
    2            3

주사위를 던진 결과에 따라 다섯 번
째 점을 찍었으면 이제는 점 5를 출발점
으로 삼고 앞의 과정을 반복한다. 즉 주
사위를 던져 1이나 2, 3이나 4, 5나 6이
나오는 데 따라 각각 점 5와 점 1, 점 5와
점 2, 점 5와 점 3 사이의 중간 위치에 점
을 찍는 것이다. 이렇게 해서 점 6이 얻어
지면 또 같은 과정을 계속해 나간다. 이
런 과정을 아주 많이 되풀이하면 아래 그
림처럼 점들로 이루어진 일정한 패턴이
희미하게 생기게 되는 것을 알 수 있다.
    주사위 던지는 횟수를 점점 더 늘려

## 시에르핀스키 삼각형

바츨라프 시에르핀스키|Wacław Sierpiński
(1882~1969)는 폴란드 수학자로, 집합론
에서 뛰어난 논문을 많이 남겼다. 그는
1915년 시에르핀스키 삼각형을 발견했
는데, 이것은 훗날 망델브로가 프랙털을
연구하는 데 많은 영감을 주었다. 시에르
핀스키 삼각형은 프랙털의 단순한 형태
라고 할 수 있다. 정삼각형이 있을 때 각
변의 중점을 연결해서 새로운 정삼각형
네 개를 만들고 다시 각각의 정삼각형에
서 각 변의 중점을 연결해 새로운 정삼각
형을 만들어 가는 것을 반복하는 것이다.

갈수록 패턴은 더욱 뚜렷해지는데, 이런
프랙털 이미지를 '시에르핀스키 삼각
형'이라고 한다.

### 해답
이 게임은 1980년대에 영국 수학자 마이
클 반슬리Michael Barnsley가 개발한 것으로
주사위를 던졌을 때 나오는 숫자처럼 미
리 예측할 수 없는 사건들이 무수히 모
이면 프랙털 모양을 한 일정한 규칙이
나타난다는 것을 보여 준다. 위의 게임
에서 규칙을 바꿔 출발점으로 삼는 점의
위치를 바꿔 주면 양치 식물의 잎을 닮
은 프랙털도 얻을 수 있다. 이처럼 자연
계에 존재하는 프랙털은 단순한 규칙을
반복하는 데 기초를 두고 있다.

# 브누아 망델브로 BENOÎT MANDELBROT

망델브로는 프랙털이 지금처럼 활발히 연구되도록 한 일등 공신이었다. 그는 수학은 물론 자연에서 프랙털이 어떻게 일어나고 얻어질 수 있는지를 보여 주었다. 그가 주도한 프랙털 이론은 카오스 이론을 포함해 수학과 과학의 여러 분야에 응용되고 있다.

망델브로는 1924년 바르샤바에서 리투아니아 출신인 유대인 가정에서 태어났다. 11세 되던 1936년 가족들은 유대인 박해를 피해 프랑스로 옮겨 갔다. 어머니는 의사였고 아버지도 학자였으나 망델브로는 2차 대전과 독일군의 침공으로 제대로 된 교육을 받을 기회를 얻지 못했다. 당장 생존을 이어가는 것이 더 급했고 죽음의 공포로부터 벗어나야 했다. 그래서 그는 혼자 힘으로 생각하고 문제를 풀어내는 방식을 몸에 익히게 되었다. 그는 훗날 자신이 남들과 다른 생각을 하는 것을 두려워하지 않는 까닭은 일찍부터 관습적인 교육에 젖지 않았기

때문이라고 회고했다.

전쟁이 끝나자 에콜폴리테크니크에 들어가 본격적으로 공부를 하기 시작했고, 1947년부터 1949년까지는 캘리포니아공과대학에서 항공학을 배웠으며, 다시 파리로 돌아와 수리과학으로 박사 학위를 받았다.

1955년 결혼을 하고 스위스 제네바로 옮겼으나 3년 뒤 부인과 함께 미국으로 건너가게 된다. 거기서 망델브로는 IBM 연구소에 들어가게 되었고 학구적이고 여유로운 연구 분위기가 마음에 든 그는 이후 32년간 IBM에 몸담았다. 이 기간 동안 하버드대학의 수학 및 경제학과 초빙 교수를 지내기도 했다. IBM을 은퇴한 뒤에는 예일대학에서 수학을 가르쳤고 췌장암으로 투병하다가 2010년 10월 15일 세상을 떠났다. 소행성 '27500 망델브로'는 그의 이름을 따서 붙여진 것이다.

## '프랙털'의 발견

망델브로는 서로 전혀 연관성이 없어 보이는 다양한 주제들을 연구했다. 예를 들면 전화선에서 나는 잡음과 섬유 시장의 경기 변동, 언어학과의 상관 관계를 연구하는 식이었다. 그는 이것들이 모두

▲ 컴퓨터로 생성한 프랙털 이미지. 무한하게 뻗어가는 세부적인 이미지들을 아름답게 보여 준다.

프랙털이라는 것과 공통점이 있다는 것을 발견했다. 그는 또 해안선을 측정하는 문제에도 관심을 보여 어떻게 측정하느냐에 따라 해안선 길이가 달라진다는 것을 보여 주었다. 세부적인 부분들로 확대해 갈수록 더 작은 단위로 측정이 가능하고 해안선 길이도 길어진다는 것이었다.

망델브로는 '프랙털'의 발견과 관련해 다음과 같이 말했다. "구름은 구가 아니며, 산은 원뿔이 아니며, 해안선은 원이 아니며, 나무껍질은 매끄럽지 않으며, 빛은 직선으로 나아가지 않는다." 그는 컴퓨터의 도움으로 자연에 존재하는 프랙털을 찾아나섰으며, 결국 '망델브로 집합'으로 불리는 프랙털들을 만들어 내게 되었다.

오늘날 프랙털 연구는 강철의 강도, 폐의 성장, 파킨슨병에 걸린 환자의 걸음걸이 패턴, 건강한 심장의 박동수, 자연재해의 위치와 발생 시기를 예상하고 진단하는 데 이용되는 등 응용 범위가 엄청나게 넓어지고 있다. 또 아프리카 미술과 건축, 디지털 예술과 애니메이션, 작곡 같은 예술 분야에서도 프랙털이 응용되고 있다.

"구름은 구름을 닮은, 수증기가 모인 작은 조각들이 수없이 많이 모여서 구름처럼 보이게 되는 것이다. 그렇기 때문에 우리는 구름에 가까이 다가갈수록 매끄럽고 부드러운 모습을 한 구름이 아니라 불규칙하고 울퉁불퉁하게 생긴 구름 조각들을 만나게 된다." ― 브누아 망델브로

# 페아노 곡선

우리는 이 책의 앞 부분(p.14)에서 유클리드가 점과 직선을 정의할 때 아무런 '폭'을 갖지 않는 것으로 간주했다는 사실을 배웠다. 실제 현실에서는 점과 직선이 폭을 갖고 있지만 수학적인 측면에서 점과 직선은 폭이 제로인 것이다. 이 유클리드의 정의를 따른다면 아무리 '수학적인 직선'을 많이 긋더라도 2차원의 평면 공간을 채울 수는 없다는 것을 알 수 있다. 제로의 합은 아무리 그 수가 많아도 제로이기 때문이다. 그런데 이탈리아 수학자 주세페 페아노Jiuseppe Peano(1858~1932)가 그렇지 않다는 것을 보여 줌으로써 수학의 세계를 근본에서부터 뒤흔들어 버렸다.

## 꾸불꾸불한 곡선

프랙털과 마찬가지로 페아노의 '공간을 채우는 곡선'은 무한한 반복이라는 단순한 규칙에 기초를 두고 있다. 페아노는 선으로 이루어진 간단한 도형을 정한 다음 이것을 무한히 반복하면서 꾸불꾸불하게 이어나가면 결국에는 아무런 틈새도 없이 2차원 평면을 꽉 채울 수 있다는 것을 보여 주었다. 물론 그 선이 무한에 다다른 지점을 눈으로 확인하기는 불가능하다. 하지만 아래 그림에서 보듯이 하나의 곡선이 어떤 식으로 반복해서 정사각형 평면을 채워나갈지는 추측할 수가 있다.

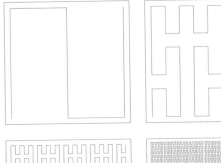

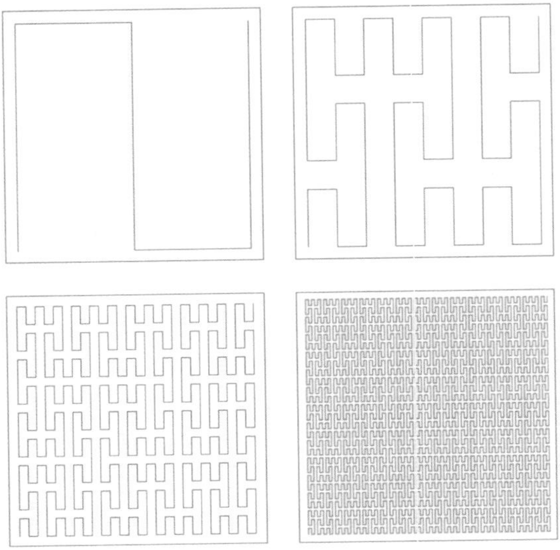

◀ 페아노 곡선이 무한에 이르면 평면에 있는 일정한 공간을 꽉 채울 수가 있다.

▲ 힐베르트 곡선이 2차원 평면을 채워 나가는 모습.

## 개척자

페아노가 '공간을 채우는 곡선'을 발견한 지 1년 후 독일 수학자 다비드 힐베르트David Hilbert(1862~1943)도 페아노 곡선과 비슷한 것을 발견했다. 아무런 폭을 가지지 않는 직선이 평면을 채울 수 있다는 사실은 수학자들에게 매우 충격적인 사실이었다. 수학자들은 "수학계에 일어난 지진과 같은 사건"이라거나 "기존의 수학적인 의미를 폐허로 만들어 버렸다"며 당혹감을 감추지 못했다.

설상가상으로 수학자들을 궁지로 몰아간 것은 페아노와 힐베르트의 곡선이 2차원 평면을 넘어 3차원 공간까지 채울 수 있다는 것이 증명된 것이었다. 이제 수학자들은 '차원'의 개념부터 재검토해야 할 처지에 몰렸다. 1차원, 2차원, 3차원만으로는 더 이상 사물을 규정할 수 없게 된 것이다. 마침내 1보다 작은 분수 차원도 가능하게 되었고 코크의 눈송이는 약 1.26차원을 갖는다고 말해지게 되었다. 독일 수학자 펠릭스 하우스도르프Felix Hausdorff(1868~1942)의 이름을 딴 이 분수 차원들은 프랙털을 측정하는 데 이용되고 있다. 해안선의 위상기하학적 차원은 (해안선을 매끄러운 곡선으로 취급할 때) 1이지만, 해안선의 주름진 부분들을 인정하게 되면 1보다 크고 2보다 작은 하우스도르프 차원이 주어지게 된다. 예를 들어 영국 서쪽 해안은 하우스도르프 차원이 약 1.25다. 분수 차원은 생물학과 지질학에도 응용되고 있다.

# 용어

- **다각형**: 선분으로 둘러싸인 평면 도형이다. 특히 정삼각형이나 정사각형처럼 변의 길이와 각의 크기가 모두 같은 다각형을 정다각형이라고 한다.

- **다면체**: 각 면이 다각형으로 이루어진 3차원 입체 도형을 말한다.

- **대원**: 하나의 평면으로 구의 중심을 지나면서 구를 자를 때 구 표면에 생기는 원을 가리킨다. 구 표면에 있는 두 점을 연결하는 가장 짧은 경로는 대원을 지나는 것이다.

- **원뿔곡선**: 하나의 평면으로 원뿔을 자를 때 생기는 곡선을 말한다. 원뿔 곡선에는 평면이 원뿔을 자르는 각도에 따라 원, 타원, 포물선, 쌍곡선 등이 있다.

- **원주율($\pi$)**: 유클리드 기하학에서 어떤 원이 있을 때, 지름에 대한 원 둘레의 비율을 말하며 그 값은 항상 일정하다.

- **위상기하학Topology**: 어떤 물체를 변형시켰을 때 — 예를 들어 물체를 늘이거나 줄이는 것 — 변하지 않고 그대로 보존되는 공간적인 특성에 관해 탐구하는 기하학이다. (그래서 위상기하학을 '고무판 기하학'이라고 부르기도 한다.) 정육면체는 위상기하학적으로 볼 때 구와 동일하다(등가다).

- **유클리드 기하학**: 고대 그리스 수학자인 유클리드가 제안한 공리와 정리에 기초하고 있는, 평면 도형과 입체 도형에 관한 수학.

- **평면**: 2차원의 평평한 표면을 말한다. 유클리드 기하학에서는 평면은 무한히 확장될 수 있는 것으로 정의된다.

- **프랙털Fractals**: '조각 난'이란 뜻을 가진 라틴어에서 나온 말로, '자기유사성self-similar'을 가진 기하학적 형태를 말한다. '자기 유사성'이란 어떤 형체의 일부분에서도 그 형체의 전체 모습과 비슷한 모양을 발견할 수 있는 것을 말한다. 자연에서는 해안선이나 양치식물의 잎 등이 자기유사성을 보인다.

- **플라톤 정다면체**: 각 면이 모두 합동인 정다각형으로 이루어져 있고, 각 점에 모이는 정다각형의 개수가 같은 다면체다. 플라톤 정다면체에는 정4면체, 정6면체, 정8면체, 정12면체, 정20면체의 다섯 가지가 있다.

- **피보나치 수Fibonacci numbers**: 앞에 나온 두 숫자의 합으로 이루어지는 수. 처음 두 수는 0과 1로 시작한다. 피보나치 수의 처음 열 개는 0, 1, 1, 2, 3, 5, 8, 13, 21, 34다.

- **합동**: 두 개의 도형이 같은 크기와 같은 모양을 하고 있을 때 두 도형은 서로 '합동'이다.

- **황금비율(황금비)Golden ratio**: 주어진 선분을 두 개의 서로 다른 길이로 나눌 때 전체 선분에 대한 긴 선분의 길이 비율과 긴 선분에 대한 짧은 선분의 길이 비율이 같아지도록 할 수 있다. 이 비율을 황금비율이라고 한다. 황금비율은 수학에서 오래전부터 알려져 있었으나 최근에는 프랙털에서도 황금비율이 발견되고 있다.